国家出版基金项目
NATIONAL PUBLICATION FOUNDATION
"十二五"国家重点图书出版规划项目

中国 CHINA 地理百科

GEOGRAPHY ENCYCLOPEDIA

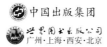

中国出版集团

世界图书出版公司
广州·上海·西安·北京

中国地理百科
CHINA GEOGRAPHY ENCYCLOPEDIA

自然·经济·历史·文化

运城盆地

中国地理百科丛书编委会　编著

程玲香　撰

中国出版集团
世界图书出版公司
广州·上海·西安·北京

图书在版编目(CIP)数据

运城盆地/《中国地理百科》丛书编委会编著. —广州：世界图书出版广东有限公司，2014.11

（中国地理百科）

ISBN 978-7-5100-8889-6

Ⅰ.①运…　Ⅱ.①中…　Ⅲ.①盆地—介绍—运城市　Ⅳ.①P942.253.75

中国版本图书馆CIP数据核字（2014）第254959号

中国CHINA地理百科 GEOGRAPHY ENCYCLOPEDIA　运城盆地 YUNCHENG PENDI

本册主编： 王国梁
本册撰稿： 程玲香

项目策划： 陈　岩
项目负责： 陈名港
责任编辑： 钟加萍
责任技编： 刘上锦
装帧设计： 唐　薇

出版发行： 世界图书出版广东有限公司（地址：广州市新港西路大江冲25号）
制　　作： 广州市文化传播事务所
经　　销： 全国新华书店
印　　刷： 广州汉鼎印务有限公司
规　　格： 787mm×1092mm　1/16　11.25印张　275千字
版　　次： 2014年11月第1版
印　　次： 2014年11月第1次印刷
书　　号： ISBN 978-7-5100-8889-6/K·0266
定　　价： 49.90元

　　"一方水土养一方人"，这是人—地关系的中国式表述。基于这一认知，中国地理百科丛书尝试以地理学为基础，融自然科学与社会科学于一体，对中国广袤无垠的天地间之人与环境相互作用、和谐共处的历史和现状以全方位视野实现一次全面系统、浅显易懂的表述。学术界在相关学科领域的深厚积累，为实现这种尝试提供了坚实的基础。本丛书力图将这些成果梳理成篇，并以读者所乐见的形式呈现，借以充实地理科普读物品种，实现知识的"常识化"这一目标。

　　为强化本丛书作为科普读物的特性，保持每一地理区域的相对完整和内在联系，本丛书根据中国的山川形胜，划出数百个地理单元（例如"成都平原""河西走廊""南海诸岛""三江平原"等），各地理单元全部拼合衔接，即覆盖中国全境。以这些独立地理单元为单位，将其内容集结成册，即是本丛书的构成主体。除此之外，为了更全面、更立体地展示中国地理的全貌，在上述地理单元分册的基础上，又衍生出另外两种类型的分册：其一以同类型地理事物为集结对象，如《绿洲》《岩溶地貌》《丹霞地貌》等；其二以宏大地理事物为叙述对象，如《长江》《长城》《北纬30度》等。以上三种类型的图书共同构成了本丛书的全部内容，读者可依据自己的兴趣所在以及视野幅宽，自由选读其中部分分册或者丛书全部。

　　本丛书的每一分册，均以某一特定地理单元或地理事物所在的"一方水土"的地质、地貌、气候、资源、多样性物种等，以及在此间展开的人类活动——经济、历史、文化等多元内容为叙述的核心。为方便不同年龄、不同知识背景的读者系统而有效地获取信息，各分册的内容不做严格、细致的分类，而只依词条间的相关程度大致集结，简单分编，使整体内容得以保持有机联系，直观呈现。因此，通常情况下，每分册由4部分内容组成：第一部分为自然地理，涉及地质、地貌、土壤、水文、气候、物种、生态等相关的内容；第二部分为经济地理，容纳与生产力、生产关系和物产等相关的内容；第三部分为历史地理，主要为与人类活动历史相关的内容；第四部分为文化地理，收录民俗、宗教、文娱活动等与区域文化相关的内容。

本丛书不是学术著作，也非传统意义上的工具书，但为了容纳尽量多的知识，本丛书的编纂仍采用了类似工具书的体例，并力图将其打造成为兼具通俗读物之生动有趣与知识词典之简洁准确的科普读本——各分册所涉及的广阔知识面被浓缩为一个个具体的知识点，纷繁的信息被梳理为明晰的词条，并配以大量的视觉元素（照片、示意图、图表等）。这样一来，各分册内容合则为一个相对完整的知识系统，分则为一个个简明、有趣的知识点（词条），这种局部独立、图文交互的体例，可支持不同程度的随机或跳跃式阅读，给予读者最大程度的阅读自由。

总而言之，本丛书希望通过对"一方水土"的有效展示，让读者对自身所栖居区域的地理和人类活动及其相互作用有更全面而深入的了解。读者倘能因此而见微知著，提升对地理科学的兴趣和认知，进而加深对人与环境关系的理解，则更是编者所乐见的。

受限于图书的篇幅与体量，也基于简明、方便阅读等考虑，以下诸项敬请读者留意：

1. 本着求"精"而不求"全"的原则，本丛书以决定性、典型性、特殊性为词条收录标准，以概括分册涉及的知识精华为主旨。

2. 词条（包括民族、风俗等在内）释文秉持"述而不作"的客观态度。

3. 本丛书以国家基础地理信息中心提供的1∶100万矢量地形要素数据（DLG）为基础绘制相关示意图，并依据丛书内容的需要进行标示、标注等处理，或因应实际需要进行缩放使用。相关示意图均不作为权属争议依据。

4. 本丛书所涉省（自治区、直辖市、特别行政区）、市（地区、自治州、盟）、县（区、市、自治县、旗、自治旗）等行政区划的标准名称，均统一标注于各分册的"区域地貌示意图"中。此外，非特殊情况，正文中不再以具体行政区划单位的全称表述（如"北京市朝阳区"，正文中简称为"北京朝阳"）。

5. 历史文献资料中的专有名词及计量单位等，本丛书均直接引用。

这套陆续出版的科普丛书得到不同学科领域的多位专家、学者的悉心指导与大力支持，更多的专家、学者参与到丛书的编、撰、审诸环节中，大量摄影师及绘图工作者承担了丛书图片的拍摄和绘制工作，众多学术单位为丛书提供了资料及数据支持，共同为丛书的顺利出版做出了切实的贡献，在此一并表示感谢！

囿于水平之限，丛书中挂一漏万的情况在所难免，亟待读者的批评与指正，并欢迎读者提供建议、线索或来稿。

中国地理百科丛书编委会

目录

一 自然地理

二 经济地理

三 历史地理

四 文化地理

《运城盆地》
区域地貌示意图

[稷山县]

⊙万荣县

▲稷王山

黄

▲孤山

河

⊙临猗县

涑

运城市
（盐湖区）
◎

水

盐池

河

⊙永济市

▲雪花山　中

⊙芮城县

涑水河谷

　　黄土高原东端、黄河东转的拐角地带，是山西省境南部（简称"晋南"）一个相对独立的地理单元，即本书所称的"运城盆地"，它的核心地带当属涑水河谷。正如汾河谷地有了吕梁山、霍山的呵护而生机盎然，涑水河谷亦因中条山的屏障作用而成为这片区域（以下简称"本区"）人类自古以来的聚居之所，是历史上闻名的"三河之地"中的河东地的核心所在。从行政区划上看，本区主要位于今天的运城市境范围，包括运城盐湖、永济、芮城、平陆、临猗、夏县、垣曲、闻喜、绛县、万荣的全境，以及稷山、新绛和临汾翼城的部分区域，所占国土

地质运动中的上升和下沉造就了中条山、峨嵋台地分立于运城地区南北边缘，而平原和岗地则占据其中部的位置，使本区成为一个南北高、中间低的巨大盆地。图为盆地中部的永济，受黄河和涑水河的滋养，这里一片平畴沃野。

面积超过1.3万平方千米，居住人口逾500万（据2010年第六次全国人口普查主要数据）。

本区的西面及南面为黄河所绕，北面为峨嵋台地，东面则是王屋山与太行山南段的交叠区，中条山成为其中地势最高的部分。简而言之，这里的地貌组成包括三部分：中条山地、运城盆地、峨嵋台地。运城盆地曾是山西的中心地带——汾河谷地的组成部分，但二者的走向略有不同：运城盆地近东西走向，而汾河谷地则为南北走向。从更大范围上看，运城盆地与黄河对岸的渭河盆地隔河相望，属于汾渭地堑系一系列新生代断陷盆地之一，与延（庆）怀（来）盆地、蔚县盆地、大同—阳原盆地、灵丘盆地、忻（州）定（襄）盆地、太原盆地、临汾盆地、渭河盆地是"兄弟"关系。距今约2500万年前，位于今运城盆地南侧的中条山大幅隆起，而受汾渭地堑系断陷带的中条山断裂、临猗断裂控制的运城盆地，则发生断陷活动而下沉，形成湖盆。大约距今1000万年前，夹于峨嵋台地与中条山之间的运城盆地在湖水逐渐干涸后形成，并在第四纪早期演化成如今规模的盆地地貌。大约在同期，因峨嵋台地、鸣条岗的隆起，原本通过盆地汇入黄河的汾河被迫改道，从此断绝了彼此的关系，运城盆地遂成为与汾河盆地相隔的相对独立的地理单元。

由燕山运动褶皱而成，在喜马拉雅运动中又强烈上升的中条山，呈东北—西南走向，从东面及南面包围运城盆地，并成为这一区域的生态屏障。中条山属于暖温带季风性气候区，与山西其他地方相比，水热条件优越，年降水量超过600毫米。随着海拔的升高，这里的土壤呈现出明显的垂直带谱特征，自下而上依次出现褐土、山地褐土、山地淋溶褐土、棕色森林土和山地草甸土。由于山地高出盆地1500米以上，在气候及土壤等因素的影响下，中条山形成明显的植被垂直带谱，自下而上依次为侧柏林带、松栎林带、栓皮栎林带、杨桦林带、山地草甸带——它们构建了中条山地植被的分布秩序。除了这些地理指示性明显的植物，中条山还有更多的温带、亚热带植物，甚至还分布有躲过第四纪冰川期的孑遗植物，如领春木等，山地由此成为山西乃至华北地区植物比较丰富的区域，有"山西植物资源宝库"之称。得益于森林的庇护，这里成为华北动物活跃的区域之一，并以中国猕猴分布的最北界而闻名。

本区既有肥沃的平原，又有高耸的山地，还有数不清的黄土沟壑。如此多样的地貌在本区留下不同的印迹：平原地区水土条件好，

中条山的存在，令依附于其北麓的运城盆地获得了生存与发展的机会。古老的涑水河发源于中条山东段，其流域覆盖盆地的大部分，滋养万物生灵；由中条山断裂所控制的盆地成为汾渭地堑系最深的盆地，大量含盐的矿物质随山间洪水汇集于此，所形成的盐池为人类提供了赖以生存的物质——盐，中国古老的人类远祖之一"中华世纪曙猿"在此起源与进化；中条山间所赋存的多种矿床，尤其是铁矿与铜矿，是春秋时代国家的兵器与农业生产工具的原料产地……正是这些天然资源的存在，加上运城盆地地势平坦、气候温和、土壤肥沃、雨量充足、无霜期长的优势，孕育了中国古老的农业文明，舜耕历山、禹凿龙门、嫘祖养蚕、后稷稼穑的故事亘古流传。时至今日，这里仍是山西重要的小麦、棉花产地；随着农业的发展，尧都平阳、舜都蒲坂、禹都安邑，有迹可循的华夏文明国家形态在河东大地撒播下了充满生机的种子。以西侯渡遗址（距今约180万年前）、匼河遗址到周家庄遗址、东下冯遗址（使用年代为公元前19世纪—前16世纪）这一时间为限，运城盆地完成了它的首个历史篇章。这些史前文化

④

遗址及其人类传说都出现在以运城盐池为圆心的大片土地上，由此证明了早期的一支人类曾围绕盐池聚居、繁衍生息，他们或许就是华夏的先民。因此，以运城盆地为中心的河东之地，被考古学家认为是"华夏文明的摇篮"，历史学家则评论"河东文化是中华传统文化的总直根"。

处于晋、陕、豫三地交界处的运城盆地，有其区位优势：历史上，这里与国家都城西安、洛阳或者开封的距离并不遥远，且是南来北往、东去西来的主要通道所在。因此，在很长的一段时期，该盆地成为历史风云际会之地：春秋战国时，魏国与晋国曾以此地为都；秦时，这里则为三十六郡之一的河东郡，汉时武帝刘彻先后6次亲临汾阴（今万荣）祭祀后土；至唐时，这里再次成为荣耀之地——唐朝的中都。在盆地内部，盐池之畔的一座城池也在盐业的推动下悄然成长，并最终在元代从一个小镇蜕变为"凤凰城"，成为运城盆地又一座新兴之城。这座城池在明代俗称"运城"后，就一直是运城盆地最重要的城市，并影响至今。围绕着池盐的生产，这里还催生出影响后世商业历史的一个群体——河东盐商。

但无论如何，商人们都只是这个盆地中居民的极少部分。令这片土地自豪的，还包括闻

盛产小麦（图①）、柿子（图②）等作物；山峦起伏、沟壑纵横的地貌则孕育出"赶驴"这样热烈欢快的民俗（图③）和建筑形式别具一格的窑洞（图④）。

喜的裴氏、河东柳氏等族群，以及诸如郭璞、司马光等光耀史籍的名人。不得不说的是这片土地现在的居民——他们中的很大一部分，是自唐以降，特别是在明、清时期，由于军屯、战乱等因素，来自河南、山东等地的操中原官话的移民的后裔。这些数量众多的移民与当地土著的自然融合，形成了有别于山西他地的地方文化，比如：饮食习惯上的"不吃馍馍不叫饭"，信仰文化中的舜王、禹王、后土、稷、益祭祀，民俗文化中的绛县飞龙、关公锣鼓、稷山花鼓、万荣笑话等，构成了一道道只属于运城地域的奇特风景线；作为中国戏曲的发源地之一，运城盆地中存留的多座元、明时期的戏台见证了其辉煌时期，曾经在这些舞台上亮相的河东线腔戏、蒲剧、锣鼓杂戏等，仍是今天人们在闲时及节庆重要的欣赏节目；沉淀于民心的，还有三国时解州人关公的忠义仁勇精神，这种精神渗入运城人的骨子里，成为不变的情怀……

一 自然地理

中国地理百科
CHINA 地理百科
GEOGRAPHY ENCYCLOPEDIA

本区主要地理事物

分布示意图

地级行政单位 ◎
区/县级行政单位 ◉
行政中心不在本区域的区/县级行政单位 [ ]
山峰 ▲

北

1 峨嵋台地
2 凤凰嫄
3 紫金山
4 鸣条岗
5 汾南
6 黄土丘陵
7 孤山
8 山前倾斜坡平原
9 北塬
10 后官塬
11 美阳川
12 坡头山
13 太阴山
14 历里岭
15 沸泉
16 昌泉山
17 白马山
18 神山洞
19 垣曲盆地
20 七十二混沟
21 五龙泉
22 塔台山
23 夏县温泉
24 龙眠峡
25 三嶷
26 黄河湿地
27 四十里岗
28 汤里滩
29 峭沟
30 陋塔
31 坂上平原
32 五老峰
33 楼梯台塬
34 黄河阶地
35 北阳－长由 黄河阶地

㉛ 水台
㉜ 王官峪瀑布
㉝ 伍姓湖
㉞ 九峰山
㉟ 圣天湖湿地
㊱ 历山 自然保护区
㊲ 涑水河源头 自然保护区
㊳ 太宽河 自然保护区
㊴ 中条山 国家森林公园
㊵ 凤凰台 森林公园

翼城县
乡宁岩
垣曲县
绛县
新绛县
稷山县
万荣县
闻喜县
夏县
临猗县
平陆县
运城市（盐湖区）
芮城县
永济市

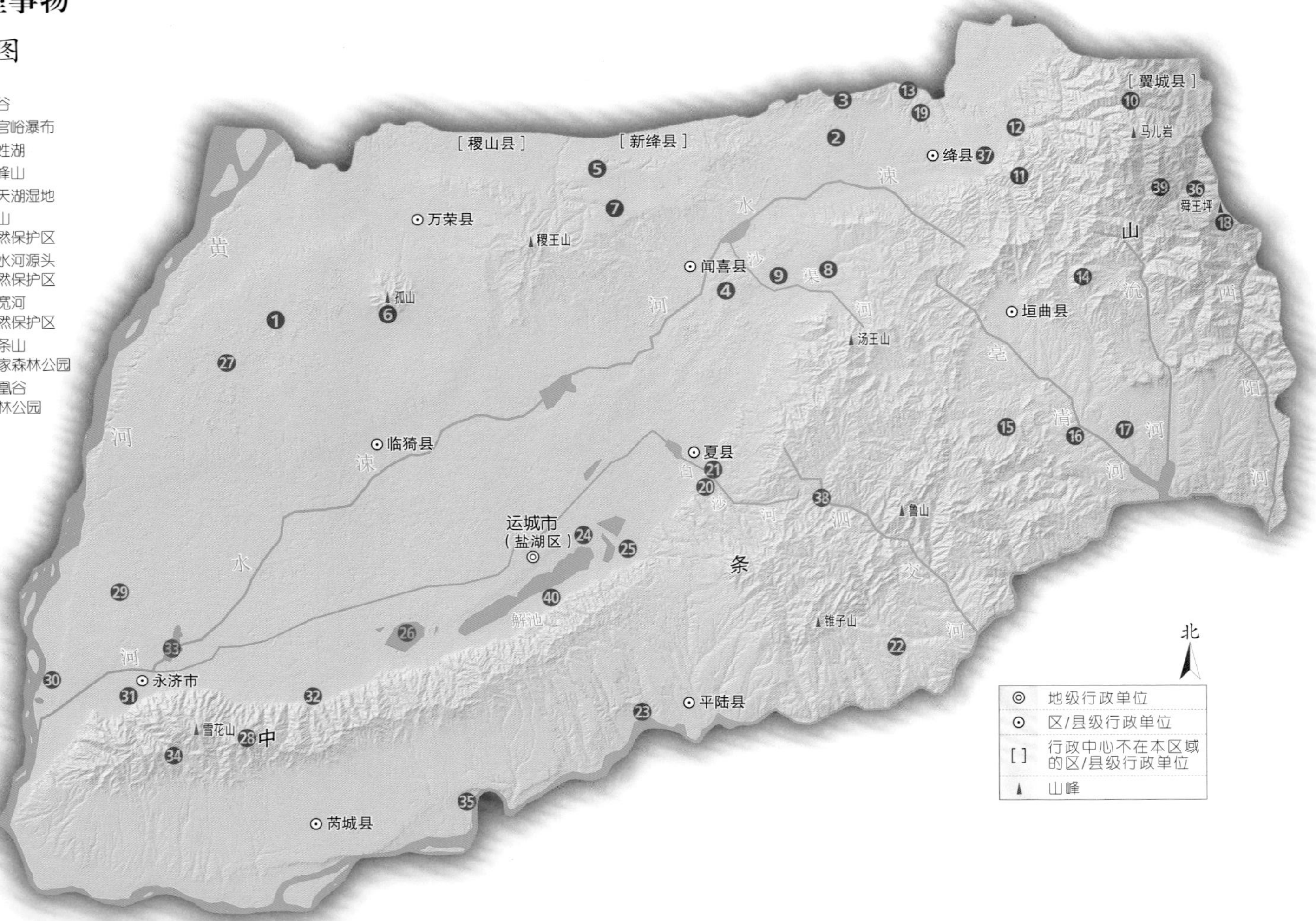

南北高、中间低

本区地处东西流向的汾河之南岸,地貌呈现为峨嵋台地、运城盆地及中条山山地。相比于海拔330—360米的运城盆地,峨嵋台地海拔在400米以上,中条山山地海拔最高达到1994米。因此,整体上看,这片地域呈现为南北高、中间低的地势。

事实上,在中生代(距今2.25亿—0.7亿年前)时期,这里是一个向上突起的背斜,南边的中条山并未形成,位置低于今天运城盆地所在的地域;北边的峨嵋台地,则还是孤山,相对高出。随后的古近纪—新近纪(距今6500万—300万年前)发生的喜马拉雅运动,不但改变了整个山西的地貌,也使运城盆地所在地域发生不规则的沉降与隆起,导致地势逆转:运城盆地所在区域发生沉降,形成盆地(古地理称之为运城湖盆),而本来低于它的中条山所在地域则发生巨大隆起,孤山所在地则相对下降,但仍高于运城湖盆。紧随而来的第四纪,黄土来袭,湖盆北侧的孤山成为黄土台地(今峨嵋台地),而湖盆渐渐干涸,除了接受黄土沉积,并接受来自中条山隆升而

带来的沉积,再经涑水河的冲刷塑造,形成峨嵋台地与中条山之间的平缓低陷的盆地地带。至此,本区南北高、中间低的地势形成。

黄土沟谷遍布

黄土沟谷地是黄土地区发育的沟谷,主要是沟谷流水侵蚀和坡面黄土物质移动的结果。由于沟谷发育,黄土区的地面大都被切割得支离破碎,形成千沟万壑之景,沟间地的地貌形态有塬、梁、峁。从形态上看,这样的沟谷由三部分组成:沟底、沟头和沟坡。沟谷通常有三种类型,即沟间上的小沟(如细沟、浅沟、切沟)、沟间地之间的沟谷(如冲沟、干沟)和河沟。运城盆地所在的晋西南地域是黄土高原的组成部分,为黄土的沉积地带之一。自第四纪以来,由深厚黄土沉积物发育成特殊的地貌类型,黄土沟谷就是其中之一。

本区黄土沟谷的分布区域覆盖着深厚的黄土层,黄土层厚度在50—80米之间,一般无层理,垂直节理发育,加上土壤疏松多孔,在雨水条件下,极易流失,从而形成支离破碎、沟壑纵横的黄土地貌。

这里的黄土沟谷主要分布在峨嵋台地、中条山的北麓、南麓等地带,其中峨嵋台地多见冲沟,剖面呈"U"字形,沟长一般1—2.5千米,最长达5千米,沟壁两侧陡立,沟底则较平坦,常见泉水溢出。典型如孤山,山坡还形成放射性沟谷;中条山南、北麓沟谷的切割密度和切割深度均比较大,多呈"V"字形,冲沟发育,并有河沟形成,如芮城境内就有多条呈南北向的河沟。这些沟谷的存在,正是平陆与芮城地貌破碎的原因所在。黄土沟谷在雨季(夏季)时,常发生崩坍、滑坡、滑塌、泻溜等,对农田、道路和建筑物危害严重。

运城盆地

呈东北—西南走向的运城盆地是晋西南最大的盆地。盆地范围较广,面积逾6000平方千米,北部以峨嵋台地—紫荆山一线为界,形成与临汾盆地的分界,东部以礼元至横岭关为界,南部则以中条山为界,西部与黄河谷地相接。源于盆地东北部中条山地的涑水河,由北东向西南流经运城盆地,汇入黄河。因此,运城盆地有时亦称"涑水河盆地"。

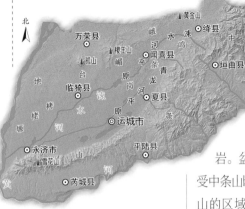

运城盆地地貌示意图。峨嵋台地、栲栳塬、中条山、涑水河平原、青龙河平原、鸣条岗等地貌单元共同构成南北高、中间低的运城盆地。

从形状上看，运城盆地似一个向西开放的簸箕形盆地。就地质结构而言，它是汾渭地堑的次一级构造单元，与临汾盆地同级，为新生代发育的断陷盆地，且是汾渭地堑系断陷最深的盆地之一。盆地的南北边界分别受中条山断裂、临猗断裂控制（以中条山断裂为主控断裂），在7000万年前的喜马拉雅运动期间，这两个断裂的存在使今盆地所在区域海拔不断下降，形成汪洋一片的湖盆。大约距今1000万年前，湖泊缩小干涸，夹于峨嵋台地与中条山山地之间的运城盆地成形。其间接受了黄土的沉积，以及受到涑水河下切、沉积作用的影响。由此，现今的盆地地层清晰，包括早更新世（距今600万—200万年前）河湖相沉积，中更新世（距今60万年前）黏土、亚黏土及亚砂土夹粉细砂，并夹有薄层泥灰

岩。盆地的发展演化主要受中条山断裂控制，靠近中条山的区域是盆地下沉最强烈的地区，由此造成盆地南深北浅的特征，现代湖泊和盆地沉降中心也紧靠南缘断裂。至今，运城盆地的构造活动仍以断陷沉降为主。

盆地中部的鸣条岗，将盆地分成了两个部分：西北侧的涑水河平原和东南侧的青龙河平原。除部分低洼有盐碱化现象外，其山前地带广泛分布着洪积扇、冲洪积扇，它们相互连接，形成了洪积、冲积平原。第四纪风积黄土在山前古洪积扇不断堆积，形成连续的黄土覆盖层。这些地方土壤肥沃，加之雨量充足，且是山西境内无霜期最长的地方，农业开发历史悠久，在秦汉时期，这里就是与关中平原、华北平原并称的最发达经济区。地利加上有食盐开采之利，这里很早就成为人类宜居之地，是中华民族古文化的摇篮之一。

运城湿地

黄河中游的运城段，是山西境内湿地最为集中的区域。这片湿地包括河津、万荣、临猗、永济、芮城、平陆、夏县、垣曲八县沿黄河的滩涂、水域、硝池、解池及永济的伍姓湖、芮城的圣天湖，以及三门峡水库、小浪底水库等湿地，统称运城湿地。湿地类型丰富，涉及河口湿地、河流湿地、湖泊湿地、沼泽和草甸湿地等。其中，河口湿地是指河津汾河入黄河处的连伯滩，由汾河所挟带的泥沙堆积而成；湖泊湿地指的是硝池、解池、伍姓湖及圣天湖形成的湿地，特殊的是，盐池湿地为咸水湖泊湿地，由解池、硝池及鸭子池组成；沼泽和草甸湿地分布于黄河沿岸，是所有湿地类型中分布最广的，包括分布在河津、永济黄河沿岸的河堤内以及黄河河心沙洲上的灌木沼泽，分布于河津、万荣、临猗、永济、芮城、平陆黄河的河漫滩以及湖区边缘的草本沼泽。

运城湿地是黄河中游重要的湿地区域之一，生物多样性明显。据统计，这里有植物782种，典型的植物群落包括柳树群落、刺槐群落、泡桐群落，主要分布于灌木沼泽中；

本区整体地势为南北高、中间低，其中北部峨嵋台地（图①）沟谷发育，台面较为平坦，孤峰山和稷王山（图②）兀立于平地之上；南部为高峻的中条山脉，由雪花山、历山、太阴山（图③）等诸多高峰组成，山势雄浑；中间则由涑水河平原、青龙河平原、鸣条岗组成，其中鸣条岗（图④）呈长条状隆起，将涑水河平原与青龙河平原分隔开。

另外还有刺假苇拂子茅群落、赖草群落、芦苇群落、水莎草群落、狗牙根群落、泽泻群落、盐角草群落等。兽类有草兔、刺猬、水獭等28种。鸟类有239种，当中不乏金雕、丹顶鹤、黑鹳、遗鸥等珍稀者。两栖爬行动物有31种，代表者有虎斑游蛇、黑斑蛙、林蛙等。鱼类有52种。

峨嵋台地

峨嵋台地是运城地域"南北高、中间低"地势的营造者之一，属于"北高"的部分。略呈棱形的台地大致呈东西走向，以孤山为中心向四周倾斜，北为汾河，西为黄河，南为运城盆地，东为稷王山中低山及丘陵地区，长约60千米、宽约25千米，一般海拔600—700米。台地南、北两侧均有陡坎，顶面平坦，两座超过千米的孤峰山（主峰拱秀峰）和稷王山东西相对，宛若台地的双眼。万荣、稷山、临猗三地的大部分地区位于台地之上。这里地处暖温带，气候温和，土地肥沃，盛产粮麻，为棉麦的主要产区。

就地质构造而言，峨嵋台地是汾渭地堑系内运城盆地与侯马盆地之间的一个构造隆起，其南、北两侧分别以临猗—双泉断裂和峨嵋台地北缘断裂与盆地相隔。因隆起后堆积了厚层黄土，故属黄土断块台地，为黄土塬地貌。台地的黄土层发育较好，面积大，受流水侵蚀和河流冲刷，地表沟壑纵横，南、北U形谷特别发育，地貌呈梁状，黄土岩溶、黄土柱、滑坡到处可见。梯级台面较平坦，属旱垣；台地边缘受流水侵蚀和河流冲刷，沟谷侵蚀相当严重，已变成丘陵地貌。

峨嵋台地地表大部分为上更新统冲洪积、风积黄土所覆盖，土质疏松，垂直节理发育，易于地表水入渗。这里的黄土层为湿陷性黄土，当地表积水时，易在积水区形成陷坑及湿陷凹地，这是地裂缝出现的原因之一，当地人称这种地裂缝为"流海缝"；同时，在人为活动、降水等因素影响下，倾斜的台地也容易发生滑坡、崩塌灾害。

凤凰塬

地跨绛县与闻喜之间的凤凰塬，也写作"凤凰垣"，当地人称"陇"，其地势自北向南倾斜，海拔约750米。北为紫金山，南为涑水河，绛县郝庄，闻喜礼元的南支村、北支村、县泉村、行村、阜底村和东镇的官庄村、仓底村及绛县

凤凰塬地跨绛县、闻喜两地，顶面平展（上图）或微有起伏，周边则因沟谷切割而形成陡峭的高地（下图）。

郝庄等地皆在塬上，闻喜著名的裴氏家族墓地亦坐落于此。

凤凰塬是顶面平坦宽阔、周边为沟谷切割的黄土堆积高地。与峨嵋台地一样，它也属黄土断块台地。台地东高西低，地表发育有规模较大的冲沟，台地下部出露早更新世冲洪积砂砾石，上部则被离石黄土和马兰黄土覆盖。塬上日照长、雨量多，生产的小麦质优物美，久负盛名。

中条山断裂

至今活动仍未停息的中条山断裂，也被称作中条山山前断裂带、中条山北麓断裂带等。这条断裂带是运城断陷盆地与中条山断块隆起的分界，也是运城盆地形成的主控断裂。从更大的空间上看，它又是鄂尔多斯断块周边活动断裂系东南部分的一条断裂。断裂出露于中条山的北麓和西麓，西起永济首阳，向东穿过韩阳、西姚温、李店、西坦朝、夏县小李村、闻喜上柏范底及下柏范底等，呈东北—西南走向，具有主要构造不连续特征：北麓断裂呈弧形向东南凸出，弧形顶点在运城磨河村附近；西麓断裂和北麓断裂以120°相交，交会点在西姚温附

近。因此，以永济西姚温和磨河村为界，中条山北麓断裂可分为东段（夏县段，长约30千米）、中段（解州段，长约80千米）和西段（韩阳段，长约20千米）。

中条山断裂的东段，由多条平行斜列的断层组成。断裂的下降盘（断层面或断层带两侧发生相对位移的地质体称"断盘"，据断盘相对运动的关系，可分为上升盘、下降盘等）在地表呈现为平原地貌，上升盘则已侵蚀成丘陵地貌的台地，如水磨村以东至夏县南山底村一段，在中条山西北麓即发育有两级台地。中段由数条次级断层组成，控制运城盆地南侧的深断陷。它的上升盘在地貌上呈现为海拔1000米以上的中山，沟谷深切，下降盘则为海拔350米左右的堆积平原，而且沿断裂发育了一系列全新世盐碱化湖泊，包括解池、硝池等。这样的地貌状况表明，此段断裂的活动性强于东段。西断的断裂由多条次级断裂呈左阶斜列组成，展布于中条山西麓与朝邑隐伏隆起的交界地带。断裂的上升盘呈现为海拔大于1000米的中山，下降盘则包括伍姓湖在内的区域。

中条山断裂的最大功劳就是它演化到新生代时，促成运城新裂陷的形成。晚新生代以来，断裂活动更为强烈，表现为中条山强烈抬升，运城盆地的强烈下降，由此形成多块山前洪冲积平原。这些山前平原的平原面海拔350米左右，相较一般海拔1500米左右的山地，反映了新构造运动的激烈。其主要构造的不连续，导致地壳的隆起升降不一，造成中条山山系的分水岭和冲沟水系的地貌特点有明显的分段变化，例如夏县段的冲沟平均长度比解州段要长约200米。另外，有研究表明，整体上看，这条断裂的活动性不强，历史上运城盆地内地震活动强度较低，但研究者不排除其未来发生激烈活动而引起强震的可能。

中条山铜成矿带

中条山是中国历史悠久的铜矿产区之一：夏、商、周时期，这里便是采铜和冶铸铜器的主要地区。铜矿资源也支持了国家发展——依靠冷兵器时代最锋利的铜制武器，商灭了夏；晋国得此之助，将兵锋指向黄河谷地；魏国更是借助铜矿，率先崛起于战国七雄中。

此外，这里的铜矿资源也促进了当时青铜器制作的繁荣。因此，在一定意义上，中条山铜矿成就了古代晋西南的文明及青铜器的地位。它至今仍是华北重要的铜矿产地。

中条山铜成矿带是上述铜矿来源的所在之地。在大地构造位置上，它处于华北克拉通（也称华北地台。所谓"克拉通"，指的是地壳上长期稳定的构造单元，即地壳中长期不受造山运动影响，只受造陆运动影响而发生变形的相对稳定部分）南缘的中元古代陆内裂谷中，整体呈东北一西南向蜿蜒于闻喜、垣曲、夏县、绛县境内。这条成矿带集中于新太古代绛县群和古元古代中条群的变质岩分布区，是大型铜矿聚集区，矿床类型主要为铜矿峪型和胡一箅型，其他还有横岭关型、落家河型、芦家坪型等。

上述不同类型的矿床主要形成于元宙（地球的重要成矿期，持续了约19亿年，距今25亿—5.7亿年前）的新太古代—古元古代，且主要与火山作用有关。其中，铜矿峪型矿赋存于铜矿峪铜矿床——中国大型铜矿床之一，各时代地层均有产出，但前寒武纪地层与成矿关系最为密切，自下而上可划分为新太古代涑水杂岩，古元古代绛县群、中条群、担山石群，中元古代西阳河群、芮城群。胡一箅型铜矿床因主要矿体产于胡家峪和箅子沟两矿区而得名，是中条山铜矿区的重要富铜矿床之一，分布于中条山北段上玉坡—胡家峪短轴北斜东南翼。横岭关型铜矿床分布在绛县的庙疙瘩—横岭关—柴家峪一带，矿石中铜品位较低，多数在1%以下。

涑水杂岩

形成于新太古代—古元古代（距今28亿—16亿年前）的涑水杂岩，是世界上古老的岩体之一，也是中条山地区重要的含矿建造，主要分布在中条山山脉西麓，在涑水河以北吕梁山南端、曲沃以南和闻喜以西亦有零星出露。

涑水杂岩又称涑水群，是指由变质表壳岩和侵入岩组成的不同类型杂岩体。变质表壳岩包括以变质碎屑岩夹碳酸盐岩组成的柴家窑表壳岩、以23.5亿年的变质基性火山岩夹少量酸性火山岩组成的冷口表壳岩；侵入岩为花岗质岩，相对年轻，包括寨子黑云斜长片麻岩、东沟角闪斜长片麻岩、西姚角闪黑云斜长片麻岩、横岭关二长片麻岩等。整体而言，其特征是变形、变质强烈，属于中条山复合变质

涑水杂岩分布示意图。涑水杂岩分布在绛县、闻喜、夏县、运城、永济等地，上有绛县群、中条群沉积。

图例：
- 涑水杂岩
- 绛县群
- 中条群

横卧在本区南部黄河和涑水河之间的中条山是沿断裂抬升而形成的掀

杂岩地体的西部中央变质核，为被地质运动强烈改造过的太古代—古元古代基底岩石，含有铜矿。古元古代的绛县群、中条群沉积其岩体之上。

涑水杂岩的形成过程较为复杂。新太古代或之前的一段时期，由沉积生成的柴家窑表壳岩（属古陆核边缘沉积）及由岛弧火山岩喷发形成的冷口表壳岩形成，之后发生了褶皱冲断，开始拉开侵入岩入侵大幕。到了新太古代末，岛弧与古陆核发生了碰撞或叠置，柴家窑表壳岩俯冲到冷口表壳弧地质体之下，与花岗质岩浆碰撞，地质体产生了复合片理及复合片麻理构造，并在中、高温下发生变质。至古元古代，其上有了绛县群、中条群沉积发育。

"同善天窗"

地质学上所说的"天窗"多指构造窗：构成推覆体的巨型外来岩块中间发生侵蚀，使下伏的原地岩块暴露出来，而四周环绕的皆是与断层相接触的推覆体岩块，似给下伏被压的原地块开了一个天窗。"同善天窗"即属构造窗，全称为"同善构造—剥蚀窗"，是中条山北东段出现的一个地质现象，特指中条山岩层之一的宋家山群的出露形态。此岩层主要出露于垣曲历山（由原同善、历山、望仙合并而成）的宋家山—绛道沟—杜家沟一带，面积约40平方千米，周围岩石地层为中元古代的西阳河群，两者呈不整合或断层接触，呈现为"天窗"，人们习惯称之为"同善天窗"。在落

家河，宋家山群也以"天窗"形式出露于西阳河群中，面积不到20平方千米。

"同善天窗"的形成原因，一是燕山期断裂活动的塑造，二是后期的剥蚀作用。在"同善天窗"范围内，已发现大小10余处铜矿（化）点，包括虎坪、篱笆沟、杜家沟等。

中条山

在黄河"几"字形拐弯处（穿过黄土高原后向东的转弯处）出现的第一道山，正是中条山。它东起历山，西至永济西南端的首阳山，北以绛县续鲁峪接太岳山，南抵黄河北岸，呈东北—西南走向，长约170千米、宽10—30千米。因山形狭长，又居于太行山与华山之间，故有"中条"之名。

斜式断块山，有着此类山地所共有的两侧不对称的形态特征：北坡（左图）陡峭，如直立的岩墙；南坡（右图）则缓倾，由山地缓缓过渡到平地。

整条山脉如同一道磅礴的天然门户，划开了中原与西北：它的北侧是运城盆地，南侧是中原大地。

从地质角度上看，中条山位于华北地台南缘，构造上属中条背斜。这是一座地层发育古老的山体：地表出露太古宙（距今46亿—25亿年前）变质岩系，上覆的寒武系至二叠系构成向南掀斜的断块山地主体，即中条山为掀斜式断块山，是断块沿大断裂（中条山断裂）一侧隆起而成的山体，为山西高原掀升的边缘。就这点而言，它与太行山属同一家族成员。由此，它高出北边的运城盆地1500米以上。山体主要由中太古代涑水杂岩、新太古代绛县群、古元古代中条群和担山石群、中元古代西阳河群和汝阳群、古生界等岩层构成，一般海拔1200—1900米，相对高差800—1000米。

以运城—茅津渡公路通过的山口为界，中条山可分东、西两段。其中，西段主峰雪花山，海拔1994米，位于山西永济东南面，山势挺拔，山体狭长，古有雷首山、首阳山、吴山、薄山、襄山、甘枣山、渠潴山、独头山等名称。东段的东北端是与王屋山相接的历山，

主峰舜王坪海拔2358米，为涑水河发源地，此段山体面积广而高峻，群山汇集。总体而言，中条山北坡因有中条山断裂经过，多断崖峭壁，断层三角面发育，并分布有洪冲积平原；南坡则相对较缓。南北两坡冲沟发育，但南坡冲沟的长度一般大于北坡。

中条山位于暖温带亚湿润气候区，属太行山向南延伸之余脉，处于黄土高原向华北平原过渡的东南边缘，是晋南植物最丰富的地方。由于经历了多次地质构造运动，这里矿产丰富，主要有铜、铁、金、银、钼、煤、磷、硫黄、石膏、石英、大理石、石灰石等。

舜王坪

相传为帝舜躬耕之地的舜王坪，是历山的最高峰，也是山西南部的最高峰，海拔2358米，耸立于翼城、垣曲、沁水三地的交界处。此山有个特殊的地理地位，即是联结太行山、太岳山和中条山三山的山结。

这是一座地质史丰富的桌状断块高中山。它由造山运动褶皱而成，随山西高原而隆起，喜马拉雅运动所产生的强烈上升和断裂发生，形成了笔

直的山峰与深邃的峡谷并存的地貌。山体由太古宙、元古宙变质岩系组成，部分地区有古生代寒武纪、奥陶纪石灰岩出露，并有大片火山喷出岩。山顶发育有北台期（中生代末—新生代古近纪）夷平面，面积约2平方千米。

舜王坪属暖温带大陆性季风气候区，处于东南亚季风气候区的边缘，因此常常受到来自东南沿海季风的影响；而新蒙高原寒冷气团又常常袭击山的西面和西北面，冷气团遇到高山阻挡，无法扩散，形成大量降雨。受海拔高度、气候等因素的影响，这里的土壤和植被形成明显的垂直分布带。就土壤分布而言，海拔1800米是分界点，以下为森林土壤（包括碳酸盐褐土性土、山地褐土、山地棕壤），以上为亚高山草甸土。植被分布自下而上为：海拔700—1500米处为疏林灌丛带；北坡海拔1200—1750米处为针阔叶混交林带；海拔1500—2000米处为落叶阔叶林带；海拔2000—2200米处为小叶林带；海拔2200米以上的区域生长有亚高山草甸。由于山高林密，这里未遭到太多破坏，分布有华北和黄河中下游唯一保存完好的原始森林。

禹王坪为本区最高峰，山体连绵不绝，气势雄浑。由于在形成过程中经历了褶皱、抬升、断裂和夷平，山体呈波浪状起伏（上图），山中多走向平直的断层崖（中图），山顶留有平坦的夷平面（下图）。

稷王山

稷王山是峨嵋台地上与孤峰山相并而列的山体。相传远古时神农后稷曾在此教民稼穑，故名，又称稷祖山。山上所建的稷王塔（当地人称"公塔"，与当地人所称"母塔"的姜塔相对。后者为纪念后稷的母亲姜嫄而建）是此山标志。它地处闻喜、万荣、稷山三县的分界线上，当地人倾向认为这里是华夏农业文明的正式起源地，也是稷山县名由来之所在。

由太古宙片麻岩和显生宙寒武纪石灰岩为主构成的稷王山山体，山坡下覆盖有厚度不等的黄土，受流水、风力的侵蚀，山顶浑圆，四周平缓，沟谷纵横。山体呈东西走向，全长24千米、宽10千米，一般海拔650—1270米，同名主峰海拔1279.2米，相对高差超过600米。山顶植被稀少，覆盖率低，现主要以人工植被为主。山体裸露地表所接收的降水，多汇集到峨嵋台地的低处，形成泉水自沟谷流出。

紫金山

在中国，称"紫金山"的山体众多，在山西境内就有数座，包括临县的紫金山、左权的紫金山以及汾河南部的紫金山等。其中，汾河南部的紫金山即是本文所述的对象。它东起绛县郝庄沸泉山西侧，向西延伸至侯马的隘口，触及闻喜、曲沃等地，东西长约20千米、南北宽约4千米。此山三峰突起，东峰在绛县境内，又名泰山顶；西峰在闻喜县境；北峰为紫金山主峰，在绛县、闻喜、曲沃三县交界处，海拔1114.2米。因远望山间土石皆呈红色，所以它在古代称"绛山"，绛县由此得名。

就地质而言，紫金山与中条山一样属于掀斜断块山，只是规模较小，耸立于临汾盆地与运城盆地之间。山体北侧发育断裂，即峨嵋台地北缘断裂，它的中东段（史店—南柳段）整体呈向北凸出的近东西向弧形，展布于紫金山掀斜隆起北缘，是整个断裂沿线断裂两侧地貌反差最强烈（可达400—500米）的段落，山前发育不明显的断层三角面，并导致紫金山山体向南缓倾，斜坡延伸至运城盆地。它的山体主要由太古宙涑水杂岩中的片麻岩组成，基岩出露处有裂隙水涌出。山前一些较大冲沟出口处，以砂、卵石、砾石为主的现代河流冲积物形成洪积扇和洪积裙，披盖在断层面上；山前的坡洪积为亚砂土夹砂砾石层，顶部被马兰黄土覆盖。

鸣条岗

鸣条岗又称高侯原，被人们视为运城盆地中的风水宝地，传说中上古五帝之一的舜即逝于此，后世选择这里作为长眠之地的还有书法家卫皓、酒仙杜康、纸圣蔡伦、史学家司马光等等。从地理上说，鸣条岗确有独到之处，它地处中条山以北、柏王山之南，是运城盆地中少有的高地，分隔了盆地中的涑水河平原与青龙河平原；它是一座土岭，黄土层深厚，属黄土岗地，植被茂密，其山名正是由于风吹树枝发声而得。

作为有名的黄土岗丘，鸣条岗北起中条山地西北侧的焦山，向西南延伸，走向大致与涑水河平行。它的东部起伏较大，在王范、北相一带，以疏散状倾没于湖积平原中，呈长条状。长约40千米、宽约5千米，梁脊高474米，向南、北两侧倾斜，北侧坡陡（北西侧有高度近100米的陡坎），冲沟发育，相对高差约100米，一般为海拔390—500米。从地质上看，它是运城盆地内部的断层活动形成的次一级构造——鸣条岗地垒。所谓地垒，是指两侧被断层围限、中间上升的断块构造，与地堑相对。鸣条岗岗地的东南侧和西侧均有正断层发育，受此影响，自早更新世早期开始，岗地自东向西逐渐隆起于盆地内部。研究者从含蚌壳沙砾石层中探察到了它的这种活动方式曾影响了盆地内涑水河道的变迁：开始的时候，鸣条岗隆起的幅度很小，当时的涑水河可从闻喜县城东北的东吴村一带越过鸣条岗向南流；到了早更新世中晚期，鸣条岗开始大范围隆起，造成涑水河向西南迁移，从闻喜经张南流入运城古湖盆；随后的中更新世中期，鸣条岗地再次发生强烈抬升，迫使涑水河道南迁，从沙流村一带越过鸣条岗地垒；至中更新世晚期、晚更新世早期，鸣条岗地再次抬升，涑水河道随之持续向西；到晚更新世时，鸣条岗的隆起活动趋于稳定，这个时候，涑水河道绕过了鸣条岗地，流路与今日所见相近。

鸣条岗高地主要由早更新世河湖相地层及上覆黄土构成，早更新统出露厚度20多米。黄土层深厚，昼夜温差

刘峪岭—卧龙庄黄土丘陵是汾南黄土丘陵的组成部分，此处丘陵呈梁状，沟谷发育。

大、矿物质含量高，光照时间和无霜期都长，多被辟为梯田果林，现在主要种植有葡萄等作物。

汾南黄土丘陵

顾名思义，汾南黄土丘陵指的是分布于汾河南岸的黄土丘陵地貌，也可称峨嵋台地北部丘陵。具体而言，这样的地貌分布在稷山汾河南部的石佛沟、峨嵋、东大一线，以及新绛南部的刘峪岭、卧龙庄一带，为峨嵋台地的组成部分。丘陵一般海拔标高在500—900米，相对高差300—500米，主体由上更新统风积黄土及中更新统坡洪积淡红色黏土、亚砂土含碎石所组成。由于黄土质地疏松，加上降雨集中于七八月间，强度较大，所以在这一暂时性水流的侵蚀和剥蚀作用下，台地平面被破坏，形

成丘陵地貌，而且丘陵地表支离破碎，南北向的V形谷和U形谷发育，黄土柱、滑坡到处可见。地表植被和生态系统遭到严重破坏。

概括而言，这片呈带状展布的黄土丘陵的地貌形态可再细分为3种地貌。一是黄土沟壑梁峁区，因为沟壑剧烈切割，水土流失严重，其地貌破碎，冲沟密度大且深，最深的达百余米，沟底有基岩出露，并伴有泉水溢出。二是黄土残塬区，分布于黄土丘陵区的中部地带，是黄土高原受地表水剥蚀、侵蚀切割而残存的黄土塬面，地势北高南低。三是黄土斜坡区，分布在黄土丘陵与山前洪积平原明显的陡坡接触处，呈东西向展布，宽0.8—5千米。斜坡面呈梯状，坡降为30%—90%，短小冲沟发育，黄土层厚百余米。

小北干流

小北干流指的是黄河中游龙门至潼关的干流，长132.5千米、宽3—18千米，河道总面积约1100平方千米。因其长度、特性有别于晋陕峡谷的黄河河道（大北干流）而被称为小北干流。它是晋、陕两省的天然界河，左岸为山西运城所辖河津、万荣、临猗、永济、芮城五县（市），右岸为陕西渭南所辖韩城、合阳、大荔、潼关四县（市），沿途有汾河、涑水、涑水河、渭河、北洛河等支流汇入。

小北干流所穿行的地带，地质上属于汾渭地堑河。就河流属性而言，为切入黄土台塬阶地的谷内式河流，两岸台塬高出河床50—200米。河道受禹门口、大小石咀、庙前、夹马口、潼关等天然形成的节点控制，河谷宽度呈现两头宽、中间窄的藕状，由此可分为3段：上段从黄河大峡谷的南端出口大门口至庙前，长42.5千米、宽一般在3.5千米以上，汾河口处最宽达13千米，河势摆动较强；中段由庙前至夹马口，长30千米，为窄河段，河宽为3.5—6.6千米，河势比较平稳；下段自夹马口至潼关，长60千米、平均宽10千米，最大宽度为18.8千米，最窄为3千米，河段摆幅较大。由此可见，这是一条典型的游荡型河流，上游来水所挟带的巨量泥沙淤积，导致河道宽浅，水流散乱，主流游荡不定。在天然情况下，上、下段最大摆荡范围在12—14千米之间，倒岸频繁，历史上所谓的"三十年河东，三十年河西"即由此而来。过去，小北干流缺乏治理，灾害十分严重，留下了"害河"之恶名。

黄河雾气蒸腾观象 河流所在地受强冷空气影响时，气温会急剧下降，导致水蒸气遇冷凝结形成雾气。本区的黄河就有这样的观象。图为芮城风陵渡段的黄河，蜿蜒曲折的河流上空雾气弥漫，使黄河岸边的山体如海市蜃楼般若隐若现。

小北干流永济段河面宽阔，两岸地势低缓。

涑水河

涑水河又名涑川，是黄河的一级支流，也是山西南部最大的河流。河流之源分布

涑水河为典型的季节性河流，在缺水期常出现断流现象。

于绛县南部陈村峪、横岭关等地，由几条小河汇集而成。河水由东北向西南，流经绛县、闻喜、夏县、运城、临猗、永济等，经伍姓湖，在永济蒲州的弘道园村西汇入黄河。河流的上游为天然河道，河床宽20—40米；下游为古人工河道，河床宽10米。

涑水河是北方地区较典型的间歇性河流。每遇夏秋的汛期，河水猛涨；冬春之季，则河道干涸。在现代环境下，由于流域内气温高，降水少，蒸发量大，涑水河经常断流干涸，导致下游河床已被垦为农田，由此失去了与黄河的联系，成为山西唯一的内流河。上游修建有吕庄、上马等水库，有效灌溉面积20平方千米，并减少了汛期洪水带来的危害。

由于有支流冷口峪、沙渠河、青龙河、姚暹渠、弯弯河、紫家峪河等的汇入，全长196.6千米的涑水河，流域面积达5774.4平方千米，106个乡镇在流域范围，是运城人口最为集中的地带。流域的东、南、北三面山地和台地环绕，中部开阔平坦，地势从东北向西南倾斜，海拔在350—800米之间，地貌类型多样，包括石山区、土石山区、黄土丘陵区和涑水平川区。

从时间的维度看，涑水河是一条古老的河流，流域内曾是水草丰美、森林苍茫之地，且有食盐出产，为古人类的宜居之所：沿河之地已发现的闻喜汀店、夏县东下冯、西阴村、崔家河和埝掌等遗址均有仰韶文化、龙山文化以及夏、商、周各个时代的遗存，因此被视

为中华民族的发祥地之一。今涑水河对运城盆地仍发挥着极其重要的作用，流域内土壤肥沃，气候温和，光照充足，农业生产以中早熟的棉花、冬麦、花生等温带作物为主，并可夏播玉米、谷子、豆类，为一年两熟制，是山西的棉粮主要产地之一。

沇河

沇河是山西南部黄河的一条远源支流，在翼城境内称大河，在垣曲境内称允西河。此河东、西两侧各有河：河西有亳清河，河东则有西阳河。沇河发源于翼城大河的毋鸡沟，顺应垣曲北高南低之势，自北南流，入望仙，经同善、谭家至古城汇入黄河，全长68千米，其中伏流10余千米，流域面积569.9平方千米。

沇河上游为山地峡谷地带，建有水库；中游为黄土台塬，河谷宽阔平坦，在古城以北宽1.2—1.5千米；下游则为河谷平原地带。其中沇河中游两侧高高隆起的丘陵上各有一片宽阔平坦的黄土塬，当地俗称"东塬""西塬"，是沇河与亳清河支流的重要来源地。发源于此的沇河支流包括柴家河、绛道沟河、刘家河、车箭

河、滋峪河、白家河等。历史上，此河在汛期洪水集中，骤起骤落，历次洪水都对沿岸居民和农田造成了严重影响。

亳清河

亳清河又名南河，亦称清河，因流经旧亳城县治一段，河水清澈而得名，属黄河一级支流，是常流河。与山西大部分河流呈黄色不同，亳清河流经之地并不是黄土区，流域内水土流失状况不严重，河流挟带泥沙较少，故河水清澈。

亳清河发源于闻喜石门的上狮子铺，经闻喜马家窑入垣曲境，流经新城、皋落、长直、王茅、古城等地，在古城东坡村南汇入黄河。全长50千米，河床宽100—150米。它的支流较多，有9条，包括发源于铜矿峪的白涧河，由店子沟、五龙沟、安子沟汇成的五龙沟河，源于长漳的清水河，源于闻喜石窑的沙金河，源于温家沟和桌子沟的原峪河，还有杜村河、白水河、口头河及杨家河。这些支流与亳清河主流共同形成1128平方千米的流域面积。

中条山北坡"下山风"

成语"猛虎下山"形容虎

中条山地貌示意图。气流在济源以东的喇叭口汇集，并从中条山凹陷处的张店一带往下，形成下山风。

之威风，在自然界，也有一种如虎之"风"——"下山风"。在运城的东南方，几乎每年初春、初夏发生的大风风灾，就是受到中条山北坡的"下山风"的影响而形成的：在大风带内，"下山风"风力较为惊人，毁伤庄稼、折断树木、刮倒墙垣、掀翻房顶等都是其"杰作"。

"下山风"其实是一种下冲气流。具体到中条山北坡的"下山风"，它的形成与中条山及其南、北地貌有莫大的关系。中条山东段的山体相对较厚，但中、西段山体单薄，且为鱼脊形山峰，厚度不及东段的一半。它的北坡受中条山断裂的影响，坡度较陡，而且中段的山体下凹，在张店一带形成一个凹形脊顶大缺口，海拔仅700米左右，与东、西相邻的脊顶的相对高差分别达700

米和300米以上；山脉的北部就是地势平坦的运城盆地。黄河从中条山西端转向东流，从中条山与豫西北山地之间穿过，构成西南—东北向的峡谷地带，并在济源以东形成一个向东张开的喇叭口地貌。当冷高压自华北南下时，高压前部的偏东气流在向西挺进的过程中遇太行山阻击，便汇集于济源以东的喇叭口地带，成低空急流沿黄河峡谷及豫西北山地继续一路向西。峡谷形成的狭管效应，使西进气流速度加快，并在阻挡力较小的张店凹形缺口及西段较低脊顶处大规模越山。缺口处形成的狭管效应，以及西段的鱼脊形单体山峰，使气流到达脊顶时根本无法停留，唯有顺陡峭的北坡倾泻而下，再加上位能转换作用和气旋涡度的减压作用，促使气流下冲力增大，以极具威力的"下山风"呈现。地势最低的盐池洼地一带，由于与中条山脊顶的高差达400—1000米，风力最强。当气流穿行到距山麓10千米外的运城盆地的腹部地区时，其速度才逐渐减慢。

"三晋火炉"

运城地区属于温带大陆性气候区，年日照时数2140—2380小时，是山西气温较高的地区。特别是夏季，干燥多风，成为山西最热的地方，甚至有超过40℃的高温出现，民间于是称其为"三晋火炉"。

实际上，运城的年平均温度仅为13℃上下，夏季平均气温极少超过26℃，而它之所以有"火炉"之称，一方面是民间的夸大之说，另一方面与其在夏季的某一段时间内温度上升有关，当地有"热在三伏"之说。研究表明，这里的气温逐年上升与冬春两季的温度上升有关，也与地貌及近年降水量减少相关。从地貌看，运城的地貌以盆地为主，由于地势低洼且较平坦，这里形成了700平方千米的闭流区，只在西边留有出口，不利于空气的流动；同时这里地处华北平原的西部，属于季风气候影响的

边缘地区，东边高耸的太行山阻断了来自海洋上源源不断的水汽，降水明显小于山区，各种因素使得当地较为缺水，地表温度容易上升。在全球气候变化的大背景下，加上上述因素的综合作用，运城气温呈逐年上升的趋势，而降水则逐年减少，于是渐渐有了"火炉"之称。但其与传统的"四大火炉"相较，仅可称为"小火炉"，毕竟，其持续35℃的高温天气并不多见。

褐土

可以说，褐土是运城大地面积分布最广的"第一土"，也是当地最重要的耕作土壤。这种土壤主要分布于中低山区、丘陵区及前山倾斜平原地域，地势较高，起伏不平，耕层浅，肥力低，土壤熟化度差。淋溶程度不是很强烈，有少量碳酸钙淀积。这些褐土分布于暖温带半湿润季风区，具有较好的光热条件。由于主体深厚，土壤质地适中，褐土区广泛适种小麦（绝大部分为冬麦）、玉米、棉花、苹果等作物。

运城地域的褐土类型可以分为5类，包括淋溶褐土、山地褐土、碳酸盐褐土性土、碳酸盐褐土和草甸褐土。淋溶褐

土主要分布在中条山较高地区，一般海拔在1000—1200米之间，其中包括石灰岩质淋溶褐土和花岗片麻岩质淋溶褐土；山地褐土分布在稷王山及中条山浅山区，海拔为500—1000米；碳酸盐褐土性土主要分布于丘陵边坡及山前洪积扇上，是在第四纪黄土状母质上发育而成的，土层较厚；碳酸盐褐土则广泛分布于平川二级阶地及塬地上，在黄土及黄土状母质上发育而成，以万荣、夏县等地的分布较为典型；草甸褐土多集中于二级阶地的过渡地带和其低凹区。

滩涂地

黄河小北干流全长132.5千米，沿河段形成大小滩区8片，面积约281.9平方千米（不含河道）。其中，较大滩区有4片，主要集中在汾河、涑水河入黄口的三角洲地带，分别为河津的连伯滩、万荣的西范滩、永济的尊村滩及蒲州滩。此外，黄河潼关至平陆河段共有包括芮城与平陆的滩地约132.7平方千米。这些滩涂地势低平，河汊纵横，大部分滩涂海拔在330—350米之间，相对高差很小。土壤多为沙性土，上层深厚，上质疏松，通

永济境内的黄河岸边有大片滩涂地。

"揭河底" 指水流作用下，河床上具有一定强度的沉积物以块体的形式被水流揭起，脱离河床的现象，在黄河小北干流段较为多见。"揭河底" 可以分为胶泥块形成、底部逐渐淘刷、揭出等过程。胶泥块是河底成片的、密度较大的淤积物，由泥沙沉积而成。含沙量大的洪水流经时，水流会对胶泥块周围及底部的泥沙进行剥离、淘刷，使胶泥块的前端逐渐形成淘刷坑，底部也逐渐形成缝隙。随着缝隙长度的增加，胶泥块则会被水流掀起、带走。"揭河底" 现象发生时，在几十小时内，河床可被冲深数米。

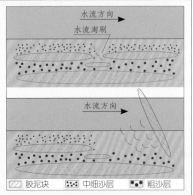

气透水良好，但土壤肥力较差，现为当地发展水产养殖、种植旅游的主要生产用地。

滩涂地是黄河对运城的馈赠。黄河由晋陕峡谷出禹门口到潼关一段，河床展宽，至潼关又缩窄，因此，这段河流水流速锐减，上游挟带而来的泥沙得以在此沉积，成为黄河天然的沙积场。汾河汇入后，此段黄河水量大增，巨大的水流在宽阔的河床上东西来回摆布，倒岸频繁，在河水暴涨暴落期间，岸蚀严重，在河流长期侧蚀作用下，河岸倒塌，泥沙淤积，遂形成大小不等的河滩小平原，也即滩涂地。

地震频繁

运城历史上地震频繁，是地震多发区，且多属绵延不断的小震群，在地震强度和频度上属于山西的中等水平。历史上，震中在本区的有记录的地震是1815年的平陆6.75级地震，最近发生的地震则在2010年：河津与万荣交界处的4.8级地震；运城的闻喜、夏县交界处的3.3级地震。需要注意的是，运城盆地地下有深厚的黄土层，常发生因地下黄土坍塌而形成的"地动"，这有别于地震。

运城盆地的地震频发，与其地质构造相关。它地处中国大陆华北地震区西部的鄂尔多斯隆断体东南缘，属山西地震构造带南端。地质构造复杂，垂直运动强烈。如控制运城盆地南缘和东缘的中条山断裂，其断裂两侧自中新世以来，垂直差异运动的总幅度最大在7000米以上，地震活动也以这一带最多、最强。除此之外，造成运城盆地地震的地质构造还有分布在盆地中部的北西走向东郭—三路里隐伏活动断裂和近东西向车盘—东郭隐伏活动断裂，以及峨嵋台地北缘活动断裂、峨嵋台地南缘活动断裂（影响临猗、万荣、绛县等地）等。峨嵋台地北缘活动断裂北面的罗云山断裂和盆地西南的韩城断裂亦对本区有所影响。相对而言，垣曲位于太行山隆起区垣曲拗陷盆地，第四纪以来活动较为稳定。

运城地裂缝

地裂缝是运城地域的地质灾害之一，当地人称之为"流海缝"。这里发生地裂由来已久，早在汉代时就有记录，至今仍不断发生。它主要分布在运城盆地北部的峨嵋台地隆起和盆地东侧的鸣条岗隆起附近。其中发育于峨嵋台地的有名的地裂缝包括万荣薛店地裂缝、荣河一里望地裂缝，发育于鸣条岗附近的则有运城半坡地裂缝、绛县电厂地裂缝等，皆属于汾渭盆地地裂缝的组成部分。

薛店地裂缝现已发现有3条近于平行排列的地裂缝，出现在万荣王亚薛店村及附近，发育于峨嵋台地第二级黄土台地亚黏土层中，在地表呈弧形延伸。荣河一里望地裂缝发育于峨嵋台地黄土台地的北缘，自万荣荣河西南起，经里望，断续延伸至稷山的蔡村，长约20千米，主要出露于荣河一里望区间，裂面粗糙、陡直，地表发育有大小不等的塌陷坑，沿地裂缝延伸方向呈串珠状分布，可见深度数米至数十米不等。运城半坡地裂缝发育于鸣条岗隆起南侧，起于安邑上王，经半坡、王荣、五曹一线，基本沿鸣条岗地垒与青龙河地堑的地貌分界线断续延伸，现发育长度约10千米，地裂缝断面呈楔形，缝壁弯曲粗糙，显现张裂变形特征。

地裂缝是以下几个因素综合作用的产物。第一，运城盆地内部及周边仍不断发生张性正断层性质活动，活动的不均一使地裂缝的产生有了动力源。第二，这里的巨厚沉积层（主要为黄土）构成了地裂缝发育的物质基础：由于黄土构造节理（垂直节理发育）的力学特征，基底断裂发生蠕滑变形时易使此类土层发生错断作用，因此，其反映到地表上就形成了地裂缝。第三，地垒一地堑、断陷带基底活动的存在则是地裂形成的机理。最后，过度的地下水开采、黄土湿陷等也是其不可忽视的诱发因素。

"十年九旱"

干旱是本区最严重的自然灾害，素有"十年九旱"之说。据山西气象监测站1961—2008年数据显示，本区秋季干旱最严重，在这48年间，有35%—44%的年份干旱；春季次之，有25%—35%的年份发生干旱。

引起本区干旱的主要是气候和地貌等原因。首先，运城盆地属暖温带温和重半干旱气候区，四季分明：夏季雨量集中，秋季秋高气爽，冬季雨雪稀少，但到了春季，气温回升快，不但降水稀少，且多大风，加速了水分蒸发，河流径流量小。其次，本区冬季为南下寒潮必经之地，夏季东南季风挟带海洋暖湿气流北上，当太平洋副热带高压较弱或环流形势发生异常时，大小旱现象就会随之发生。另外，运城盆地位于山西南部，地处内陆高原山区，四周距海洋较远，且山西东部的太行山挡住了来自海洋

运城地裂缝分布示意图。地裂缝是本区地质灾害之一，分布较广。

万荣县　绛县　闻喜县　垣曲县　临猗县　夏县　运城市（盐湖区）　永济市　平陆县　芮城县　北

• • • 地裂缝分布点

的暖湿气流，因此只有干旱的西伯利亚寒流才能吹到本区，从而加重了当地的干旱程度。

洪灾

"十年九旱"是本区的一大自然灾害，与它相对的则是洪灾。这其实并不矛盾：本区年均降水量550毫米，且70%左右的降水量集中在7、8、9月，暴雨也出现在这个时段，所以在这3个月中，易发洪水，其余季节则难得一遇，是为旱季。据调查统计，这里7月下旬发生洪水的频率最高，一般占全年洪水发生次数的20%—30%；7月下旬至8月中旬，洪水发生频率一般在60%左右；7、8、9月期间，洪水发生次数则占全年的90%以上。

运城盆地属于北、东、南三面高而西面低的簸箕形地貌形态，易于汇集水流，加上降雨集中于

7、8、9月，使得区内河流具有山地型和夏雨型的双重特征；这里的河流沟壑密度大，水系发育；河流坡陡流急，侵蚀切割严重，河流含沙量大。因此，如遇暴雨，容易堵塞河道，引发洪水。但洪水也受制于地貌，属暴涨型。

洪水对运城盆地的经济生产、居民生活影响较大。明清时期，中条山森林植被受损严重，暴雨时，水土流失严重，造成了多处河段的淤积与堵塞，因此这一时期，这里的洪灾发生频率显著增加，盐池生产常遭遇破坏而减产。如今，由于水利的修建及山间绿化工作的推进，洪水的影响已降低许多。

孤山

山西万荣因地处黄土高

原东部，地势平坦。在这广布土塬沟壑而鲜见青山绿水的地方，一座青山高耸而起，它便是位于万荣万泉南部的孤山。在中国，以"孤山"命名的山体比比皆是，杭州、靖江、潍坊等地都有孤山；一般名为"孤山"的山体，大都具有两个特点：一是山体偏小，二是邻近处有较大山系作参照物。而万荣孤山略有不同，其山体庞大，北到汾河河谷，西向黄河滩涂，南至运城盐湖，四周一片平坦，只在东边20千米外有座稷王山。这中间分布的是第四纪以来沉积的厚重的黄土，以及有数千年耕作历史的阡陌之野。

孤山又名孤峰山、方山、景山，呈四方形立于峨嵋台地之上，主峰海拔1411.2米，相

孤山凸起于平地之上，山势陡峭、沟壑纵横，山前有大片平原。

对高差700米，面积16平方千米。它的山体由燕山期火成岩侵入沉积岩层后上拱而成，是石质山，属于穹隆中山，侵蚀严重，基岩裸露，出露面积约7.5千米。山坡陡峻，沟谷发育，呈放射状分布，山势南陡北缓，呈现剥蚀构造地貌，并形成山前倾斜平原。孤山南坡光照充足，土体干燥、植被稀少，北坡中下部覆盖有较厚的黄土，气候阴凉，土壤湿润，植被覆盖较好，以土庄绣线菊、胡枝子、虎榛子等灌草为多。特产有金梨、苹果、柿子、白水杏等。

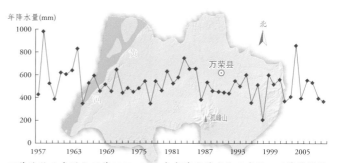

万荣地貌示意图和万荣1957—2008年年降水量变化示意图。万荣的气候较干旱，以1957—2008年年降水量为例，52年中大部分年份的降水量低于600毫米，个别年份的降水量甚至低至约200毫米。再加上万荣境内地势相对较高，不便引水，使万荣的干旱更加严重。

孤山山前倾斜平原

山前倾斜平原是孤山所在区域的黄土地貌之一，也是万荣境内的主要地貌组成部分。它主要分布在孤山周围，面积约81平方千米，土壤表层大部分为上更新统黄

土，冲沟中有中更新统发育，沟谷发育。

孤山山前倾斜平原的形成原因很简单——堆积作用。孤山是石质山，且山体大部分为第四纪黄土所覆盖，汛期时，洪水水流分散形成许多支汊，带离山上的包括黄土在内的大量粗粒碎屑物，由于分散的水流更易蒸发和渗透，故随着水量减少，水流所挟带物质大量堆积于山前，从而形成山前倾斜平原。一般来说，扇顶的堆积物质较粗，主要为砂、砾；随着水流搬运能力向边缘减弱，堆积物质逐渐变细，一般分为沙、粉沙及亚黏土。

"干万荣"

万荣北依汾河，西接黄河，按理说应该不缺水，但它却有个尴尬的称呼——"干万荣"，这个称呼形容的是万荣的干旱情形。事实也是如

此，很长的一段时间，当地主要为"雨水农业"，靠天吃饭，遇到干旱年份，部分村庄的小麦、玉米等粮食作物甚至绝收。当地人素有惜水贵如油的习惯，每逢雨雪天，多用盆罐盛檐水入缸备用。合家共用一盆洗脸水，蒸馍水又来洗碗，多次使用……

"干万荣"是地理与气候环境综合形成的。万荣地处的峨嵋台地，与汾河、黄河形成明显的高差，引水困难，且黄土层土厚水深，四处见沟壑，却是河流稀少，"十年九旱"；这里属暖温带大陆性气候区，尽管年均降水量546.3毫米，但冬少降雪，春多干旱，夏雨集中，秋雨连绵，虽与作物的生长周期匹配，但雨水落地遇黄土层即下渗，令干旱现象更为突出。

汤王山

闻喜处于运城盆地北部，

西北部为峨嵋台地，中条山横亘东南，涑水河从中贯穿而过，汤王山就位于县境东南的石门。它是中条山东部一座高峰，古名条山、景山，也称唐王山。相传商汤曾在此为民求雨，为了纪念汤王的功绩，此山遂起名汤王山，主峰上建有具纪念性的汤王庙。

从地质属性看，汤王山为断块山，山体由太古宙涑水杂岩组成，受风、雨等外力作用的影响，形成剥蚀侵蚀起伏中山，裸露的岩石随处可见。海拔1572米的汤王山主峰，悬崖较多，其中又以西端为最。山上分布粗骨性山地褐土，植被密布，长有荆条、狼牙刺、扁核木等灌丛植物，还出产铜、大理石、石英、钾长石等矿藏。

北塬

北塬是闻喜境内的一片黄土台地，属于凤凰塬的组成部分。它在地质上与鸣条岗一样，属于隆起的地垒。它位于峨嵋台地的西北方向，由西至东跨阳隅、凹底、薛店三地。台地的西、南、东三面高，中部低且平坦；西南部为稷王山麓，坡势渐陡，是丘陵区。北塬东西长约10千米、南北宽约5千米，海拔690—750米，相对高

汤王山的山脊起伏小，山体较陡，覆盖有大面积的灌丛。

北塬（上图）和后宫塬（下图）均为闻喜境内的黄土台地，两者塬面平坦开阔，堆积有肥沃的黄土层，为优良的种植区。

度250米，总面积为175621亩（1亩约等于667平方米），占闻喜全县总面积的10.03%。

北塬水资源比较缺乏，属于半干旱区域，其地势较高，土质优良，光照充足，温差大。受此影响，这里的主要农作物是一年生冬小麦，生长期较长，种得早，收得晚。以这种小麦的面粉制成的北塬馍闻名闻喜。另外，这里还是重要的水果种植基地，以苹果、梨、桃、柿子较为出名。

后宫塬

后宫塬也称后宫垣，是中条山下一片平整而宽广的黄土塬，位于闻喜中部的后宫乡境，属于闻喜境内的独立地理单元。塬块地势由东向西稍倾斜，近似方形，长、宽各约3千米，总面积约9平方千米。中条山西坡的流水在后宫塬以东汇流成沙渠河，从塬边上绕行而过。

后宫塬地广人稀，虽然土质较差，但相比干旱的北塬，它的地表水资源丰富，有三河口水库，可灌溉后宫塬万余亩粮田。塬上主产小麦、玉米等农作物，其中侯村垣片的大葱，已畅销县内外；三河口的西红柿销往运城、侯马等地；

崔家庄等村的优质小麦名扬运城等地；北白石、马安桥、茨庙等村的土豆曾驰名闻喜。

美阳川

据《新唐书·刘武周传》，李世民破武周将尉迟敬德于美良川，即今天的美阳川。它是闻喜境内的两"川"之一（另一川为涑水川），由铁寺河、沙渠河及其支流南河、小涧河冲积而成，属于河谷地貌。其范围包括闻喜县城以东的河底、后宫、裴社三地，长约12.5千米、均宽约3千米，总面积近50平方千米。整体自东南向西北倾斜，海拔510—550米。

美阳川西接鸣条岗，东临汤王山，是中条山与峨嵋台地之间的天然分界线，也是连接闻喜与夏县的交通要道。这里地势平坦，土地肥沃，四季分

明，以盛产棉花、小麦、玉米著称，是闻喜的粮棉菜基地。

沙渠河

沙渠河是涑水河在闻喜境内的最大支流，发源于汤王山北麓后宫石峡村东，自东南向西北，流经大峪、柏范底、董村、柏底、河底、冯村、孙村、冷泉，至原吕庄村口入涑水河，所以又称吕庄河。河长33.5千米，流域总面积281.3平方千米。沙渠河的主要支流有2条，一条是南河，也称店上河，发源于中条山北麓店上村，全长14千米，汇集沟汊细流至前偏桥村入沙渠河；另一条为小涧河，发源于汤王山。

历史上，沙渠河顺流西南方向，但因人工开挖而改道，在河底折向西北，因此河名带渠，据史载，开挖时间为唐仪

沙渠河上游水流极小，宛若细线。

凤二年（677）。改道的原因或许是为了保障下游的盐池不受洪水侵袭。沙渠河所流经的南塬地区地势平坦，土壤肥沃，且历史上流量很大，为两岸以小麦、玉米为主的农田提供了充足的灌溉水源。但近年来，由于水资源利用不合理，自然环境遭破坏，如今的沙渠河已经断流，只在河流上游有小股水流。

董泽湖

董泽湖古称温泉水，又名董泊、藕河，现称白水滩，位于闻喜县城东北郊，地跨东镇、礼元两地，东依凤凰塬，北连峨嵋台地，南到中条山，三面高、中间低，地面排水不畅，泉水汇集于此，于是形成了一片周长20千米的狭长浅湖泊与沼泽地。有人考察后认为，这里原是汾河古河道的一部分，汾河水经此入涑水河，但因鸣条岗隆起而绝道。

在夏、秋两季的汛期，董泽湖水面可达80万平方米，两岸杨柳成行，十里平湖荷香。湖中盛产莲菜、白莲藕，其中白莲藕是闻喜的有名特产。传说这里是董父豢龙之处，此为中国史书中所载的关于龙的最早传说。

坡头山

坡头山是绛县东部大交与磨里交界处的大山，东至县界，北接续鲁峪河，南为磨里通往翼城西阎的公路。它属于中条山东段的高峰之一，为断块中山，山峰高大，岭岭相接，主峰海拔1760米，与华山、歪头山、豹窝尖、老龙窝等组成绛县东部山区。

坡头山的主要岩层为古老的太古宙绛县群变质岩系。受风、雨等外力作用影响，该山形成剥蚀侵蚀地貌，地势起伏较大。山间植被覆盖良好，以辽东栎林为主。

太阴山

太阴山坐落于绛县县城东南的卫庄一带，与西北的紫金山遥遥相望。它因北麓壁立千仞、终年少见阳光而得名，又因隔黄河与陕西华山相对峙，故也称少华山，别称东华山。

作为中条山东段的高峰之一，太阴山海拔达1644.8米，山体巍峨挺拔，四面悬崖峭壁，山间泉水潺潺。水土与气候的相得益彰，促成了太阴山良好的生态，无处不绿，植被垂直带谱特征明显，主要植物有桦树、柞树、松树、柏树、杨

树、槐树、榆树等。林间则栖息有狼、狐狸、猕猴、野猪、云雀、画眉等动物。

横岭山

横岭山又名横山，得名其走向：山脊东西横亘，有别于南北而卧的中条山其余山岭，另有清廉山、清营山等别名。此山是绛县、闻喜与垣曲三地的界山。

横岭山由大、小横岭山组成，大横岭山位于绛县境内，是横岭山的主体。大、小横岭山之间形成一处山隘，称横岭关，落在绛县冷口横岭关村境内。这里山岭横亘，地势险要，曾是历史上的军事要地，至今仍是晋、豫两省和绛、垣两县的交通咽喉。

横岭山是中条山东段北麓的一条支脉，平均海拔约1000米，最高峰海拔1039.1米。由于山高岭大，横岭关所在地是运城地域的暴雨中心之一。受地质构造运动的影响，山体中形成铜、金、铁、石灰石等金属及非金属矿床。森林由橡树、柞树、松树、柏树、榆树、栎林等组成，孕育了涑水河的支流洮河。森林中活跃的生灵包括狼、狐狸、野猪、羚羊、山鸡、斑鸠等。

绛县山地面积广大，有太阴山、横岭山等诸多高峰，其中太阴山（上图）为中条山高峰，山岭高大；横岭山（中图）山体绵长且山势陡峭，犹如一道天然屏障。山地经流水长年切割，形成了包括陈村峪河谷（下图为陈村峪水库段）在内的诸多峡谷。

陈村峪

涑水河在绛县境内有三源，分别是陈村峪、冷口峪和紫家峪，以陈村峪为最长。它地处紫家峪的东边，流域属陈村镇所辖。习惯上，人们将涑水河的陈村峪段称为"涑水源"。它呈南北走向，南起杜家沟、莲花池、石碑沟在三岔口的交汇处，北至陈村，流长25千米。峪内先后有诺峪、暗峪、花圪塔等山泉水汇入。

陈村峪所在地呈现为峡谷地貌，从地质角度考察，属侵蚀型构造。基底巷岩属震旦纪安山岩，河床砂砾石较厚，清澈的河水流至石猫后大部分潜入地下。峪内植被覆盖率高，由青冈、白皮、山桃、油松、华山松以及栎树、荆条等植物构建起良好的生态。

磨里峪

地处中条山北麓、绛县磨里镇境东南的磨里峪，沟壑纵横，山石雄壮，植被葱茏，有"运城九寨沟"之美誉。

与陈村峪一样，磨里峪亦属峡谷地貌，由峪中的磨里河下切侵蚀而形成，近乎南北走向，宽窄不一。磨里河发源于峪中深处的大晋堂、小晋堂，这里山泉出露较多，且泉水流

紫家峪河谷　绛县东南高峻，西北平缓，山地、丘陵、平川面积分别约占绛县面积的70%、20%、10%，素有"七山二岭一分川"之说。境内峡谷众多，除陈村峪、磨里峪切割成的谷地外，紫家峪的河谷也呈峡谷地貌。该河谷长约22千米，谷深80—200米，两侧山体绵延起伏。图为紫家峪河谷的不同段，谷内山体坡度较大，谷底紫家峪河宽窄不一。

磨里峪为季节性河流，旱季仅能见干涸的河床。

量很大，顺峪而出，与其他沟里的来水汇聚成河。流水清澈，河床上砂砾石遍布；河道两岸分布有冲积形成的耕地。

沸泉

千年古泉沸泉是沸水河的源头，位于绛县南樊的沸泉村。它的奇特之处在于，泉水不仅是从山崖石缝中出水，还从地底涌水，因而不时有白色水泡缓缓上升，望之似明珠串串，如烧开的沸水，故而得名。因源出绛山（紫金山）山脚，故又名"绛水"。

比绛县存在更为古老的沸

泉，属于基岩裂隙水，泉眼宽不过1米，长不过3米，最深处不过0.06米，泉水晶莹清澈，水温长年保持在12℃左右，流量0.4立方米每秒，据称为绛县流量最大的泉水。沸泉出沟后，形成了高逾30米的瀑布，而后经曲沃的白水、景明两村，汇入浍河。历史上，源于绛县、出沟后即入曲沃境的沸泉，曾引起两地水源之争，后以绛县分水1/3，曲沃分水2/3而平息。

悬泉山

因山腰有泉瀑悬山而得名的悬泉山，又称天盘山、老祖山（为道教所称），坐落于垣曲境内北部的皋落。悬泉山与谷炉山、教尖秸等海拔1600以上的山体地处历山原始森林的前沿，组成垣曲的深山区，山陡沟深，悬崖峭壁随处可见，植被茂密，

悬泉水流四季不息，是毫清河支流杜村河的发源地。

悬泉山为中条山的东段断块中山，海拔1701.1米。组成山体的地层古老，主要为元古宙变质岩系。长期以来，地表接受风吹雨淋等外力作用，形成剥蚀侵蚀中山地貌。

白马山

白马山是垣曲土石山区的组成部分，地处毛家湾和解峪两地的分界线上，最高海拔1488米。因其山势巍峨挺拔，形若云间白马，故名，又称歪头山。

白马山在悬泉山的南边，同样属中条山东段山体，是由元古宙变质岩系组成的中山，局部基岩裸露。生长于黄褐色中壤质土壤之中的植物

茂密，溪流发育，有汇入山北的板涧河。由于山陡谷深，这里侵蚀切割强烈，发育有U形谷和瀑布。山体中蕴藏有铁、铜、铅、石英砂等矿体。

麻姑山

麻姑山为毫清河与沇河的分水岭，同名主峰海拔1035米，是中条山的东段山岭之一。由西顶、中顶、东顶3座山头组成的山体蜿蜒于垣曲中部的华峰境内。其中西顶与天盘山一脉相延，中顶与始祖山、舜王坪遥相呼应，东顶与诸冯山并肩而立。由元古宙变质岩系构成的山体，地貌上呈现为剥蚀侵蚀中起伏低山，基岩裸露，乱石横陈。山体轮廓清晰：山北坡度和缓，山南为悬崖峭壁。

麻姑山山脊平直，两侧陡峭。山中岩石裸露，山下黄土层深厚。

垣曲盆地由冲积平原与黄土台地组成，地势较平坦，四周为山地所围绕。

麻姑山因盛产蘑菇而曾名"蘑菇山"。据传山中孝女麻姑每日背水上山，有日遇见一道人讨水，便将辛苦背来的水尽数给之。由仙人化身的道人感其赤诚，令山开裂出山泉，而此山也始以"麻姑"为名。山间植被葱茏，山顶分布有松林、灌木林，山腰则是落叶阔叶林的天下，特产有沙棘、连翘、枣树等。

神仙洞

神仙洞是山西罕见的岩溶溶洞，坐落于垣曲王茅的西王茅村广仙洞沟的半山悬崖上，亦称西王茅溶洞。它是中条山区域溶洞的组成部分，发育于中条山南坡早古生代石灰岩层的边缘。

这个冬暖夏凉的溶洞是单层洞，洞内路面崎岖，洞套洞、洞连洞、洞中有洞，宽窄不一，宽可走马，窄可钻羊，已探明部分长10余千米，但仍未发现尽头。洞内石灰岩地貌发育，钟乳石倒挂、石笋林立，造型各异，已被命名的包括"雪莲花""八仙过海""罗马城堡""观音菩萨""蛇戏金蟾""海龟出浴"等。由于岩层中其他矿物质的渗入，这些石灰岩地貌也呈现不同的色彩，有红岩若烛，有蓝、绿色的"玛瑙"等。

溶洞是地下水沿着岩层的层面和裂隙进行溶蚀和机械侵蚀而形成的地下空洞。在神仙洞中，亦存有数十泓泉水，它们是神仙洞继续发育的动力。

垣曲盆地

垣曲盆地是夹于晋南黄河北岸与中条山南麓的一个山间小盆地，东部为太行山和王屋山所限。盆地的主体在垣曲境内，但其南边跨过黄河，包括黄河南岸河南渑池的河边地区。盆地西北高、东南低，海拔为200—460米，面积约230平方千米。尽管垣曲盆地为山河所围限，环境较为封闭，形成了一个相对独立的地理单元，但依靠盆地及周边的若干条河谷和由山间谷地形成的孔道，该盆地仍可与外界维持联系。

从地质角度看，垣曲盆地是古近纪（距今6500万—2300万年前）华北内陆盆地伸展到太行山、中条山和伏牛山交会地区的部分，受东西向和南北向两组断裂控制，为基岩山地发育而成的小型断陷盆地。主要沉积物有中始新世至早渐新世的湖相泥岩、砂质泥岩和砂岩。黄河的两条支流——沇河和亳清河流经盆地，在盆地的南部形成了一个冲积扇。以这个冲积扇为中心，盆地空间分别延展到黄河南岸和北岸上述两河较宽阔的河谷地带。盆地的地貌包括面积大小不等的冲积平原和黄土台地，地势较为平坦，是主要的农耕用地。

七十二混沟

历山自然保护区位于山西垣曲、沁水、翼城和阳城四县交界处，属中条山，保护区内沟谷纵横，较深较大的沟谷、峡谷共有72条，总称为"七十二混沟"，主要分布在垣曲境内。

七十二混沟是喜马拉雅运动时，中条断层形成的峡谷地带，由前震旦纪古老岩层组成。其中主沟有2条，长3千米，这一支系中，长度1千米以上的支沟有6条；另一条是寡妇崖下的吊孝河，长2.8千米，长度1千米以上的支沟有7条。两沟的河流在梁王山脚汇流，始称沇河，由东西向转南流入黄河。山高、谷深、沟底狭窄，是混沟的地貌特征，其主沟幽深、支沟众多，底部大多宽仅5米，多弯曲段；沟两端是悬崖峭壁，笔直险峻；沟底河床上下高差将近200米，沟内水量大、流速急。

混沟区东、南、北三面环山，是皇姑幔、锯齿山和南天门之间的一片闭锁地带，总面积达47.4万亩，最高峰名皇姑幔，海拔2143米。七十二混沟在皇姑幔周围，呈扇状分布。沟从东向西逐渐降低，全长3千米，相对高差600—800米。这里属暖温带大陆性季风气候区，年均温2—11℃。因海拔高低悬殊，土壤呈垂直分布，自下而上分布有褐土、山地棕壤、山地草甸土。植物种类繁多，区系复杂，木本植物多达47科160余种，其分布具有明显的垂直分布规律。

五龙泉

地处中条山南麓的垣曲地下水丰富，五龙泉为其中的代表。这处出露的泉水因位于西王茅村西坡和长直西交村下街交界处的五龙庙旁而得名。这里是西王茅村海拔最低处，仅400米，其周边由中度切割的石质山和土石山组成剥蚀侵蚀中山，是泉水的集水之处。

五龙泉由3股主泉口和数股小泉眼组成。3股主泉口分别位于五龙庙

七十二混沟后河水库段的两侧山坡因水源充足而植被丰茂，沟谷底部则因易受水流侵蚀而岩石裸露。

庙基的北角、正东基下和东南角石坡路右边。各口泉水从五女山山脚涌出后交汇成小溪，流入亳清河。其日涌水量43.2—90吨，冬暖夏凉，为优质天然锶型矿泉水，可灌溉农田万余亩。现在这处泉水已成为附近地区重要的水源地。

西阳河

西阳河是垣曲的主要河流之一，流域地处垣曲的东部。此河发源于历山舜王坪和沁水下川，自北向南穿越垣曲东部的山峦和塬地，经历山、英言、蒲掌、窑头、马湾注入黄河，全长60千米。西阳河流域面积355平方千米，在垣曲境内流程46千米，河宽70米左右，平均流量1.1立方米每秒。

西阳河其中一处源头舜王坪，其顶峰海拔2358米；而西阳河河口海拔167米，为垣曲的海拔最低处，同时是山西的海拔最低处。流域地貌包括山地、台地、平谷等，地势差异较大，河床比降为2.5‰，西阳河成为垣曲所有河流中落差最大者。若遇汛期山洪暴发，西阳河异常迅猛，这正是河水冲刷猛烈的原因，其下游河段成为历山奇石的产地之一。西阳河段历山奇石的磨圆度、光洁度较高，与名扬海内外的洛阳黄河石相比，毫不逊色。它的一级阶地上主要为新生代第四纪风积黄土，是当地重要的农耕用地。

鲁山

夏县中部有中条山贯穿而过，一山之隔，两边地势截然不同，处于中条山西侧的县区内平坦开阔，而东侧则几乎均为山地。鲁山即位于夏县东南部山区地带，且是县境内最高峰，海拔高度为1566.6米。

鲁山的具体位置是在祁家河乡境的西北角，地处马村河西、泗交河东。它又称芦山，因山间有芦山坪村，过去因芦姓始居而得名。山体属于中条山东段的断块中山，由元古宙中条群变质岩系构成。因长年累月接受风吹雨打，此山形成剥蚀侵蚀地貌。山顶呈长方形，面积不过20万平方米；受断裂构造影响，山坡陡峻。山地表土为淋溶褐土，植根其上的植被较为茂密。山间植被主要为栓皮树林，混生有麻栎、连翘、荆条等。

瑶台山

瑶台山位于夏县东南，南山底村东的中条山前沿，平地凸起，主峰海拔632米。山顶圆形，宽阔平坦，直径51米。相传夏桀宠美女妹嬉，在此筑瑶台琼宫，因此名为"瑶台山"；因商相巫咸、巫贤父子葬于山下，故又称"巫咸山"。在历史学家看来，它是夏县夏、商文化重要的遗存之地。

被白沙河与红沙河南北相夹的瑶台山，为中条山东段支脉，也是夏县山地丘陵的重要组成部分。山体由太古宙涑

西阳河上游（历山段）两岸多山地。

瑶台山山体近乎直立（小图），周围丘陵（大图）广布。

水杂岩组成，属剥蚀侵蚀小起伏断块低山，因受断裂带的影响，山势陡峭。过去，这里翠柏森森，曾为夏县的古八景之一，但时至今日，山间所覆植被已大幅减少。

泗交河

发源于泗交镇境北部海拔1300米左右津水沟村的泗交河，由西北向东南，在泗交镇境与王家河、法河、南河汇流（泗交因此四水交汇而得名），此后始称泗交河。泗交河是黄河支流，长39.5千米，河床宽20米，水面宽3米，流域面积207平方千米，属常流河，沿途小支流较多，下游水量较大，为夏县东部最主要的河流。

因地处中条山迎风面，东南暖湿气流带来了充沛降水补给，泗交河于是成为山西南部河川径流水资源最丰富的河流之一。流域内森林茂密，水土流失较小，水质清澈甘洌，河床多鹅卵石。在泗交镇境以下的河段，河道渐宽，两侧地势开阔，形成喇叭形洪积扇。扇面上散布着许多巨大岩石。这是河流力量的体现：河流两岸分布着大量云母石英岩及大理岩，而它的流程从海拔1000多米陡降至240多米，落差大；在汛期时，巨石被洪水挟裹而下，并堆积在平坦的冲积平原上。由于冲击力大，这些岩石多被磨去了棱角，表面光滑。

夏县温泉

夏县温泉位于城关镇境南山底村春燕山脚下，因近夏县而得名。属于人工打井所得的温泉，水温在48℃上下。泉水中的矿物质有钠、钾、钙、镁、镭、铀、硫酸盐和碳酸盐等，属高温弱碱性氯化钠温泉。水质优良，无色透明，带点咸味。

温泉水出自距地面35米的地层下。其热源来自于中条山前断裂带下的熔岩活动，这些热能沿断裂的裂隙释放，并加热地下水，从而使地下水以温泉的形态出露。由于有雨水下渗的补给，温泉水量较为丰富。

白沙河

受中条山主脉分水岭的影响，与西北—东南流向的泗交河不同，白沙河是与其相背而行的，呈东南—西北流向。它是夏县西部的重要河流，属于姚暹渠水系；又因流经县城，浇灌田亩而被夏县人视为母亲河。

白沙河发源于泗交镇境的瓦沟，向西经大庙，汇集九沟十八岔溪流，于瑶峰镇境的樊家峪村入白沙河水库，继续西行，经县城南关入中留水库转向西南，经禹王乡境的秦家埝、东浒村等，于师冯滩汇入青龙河。在夏县境内全长40千米，流域面积72.7平方千米。

四州山山顶起伏小，山间有沟谷发育。

落中，还分布有杨树、榆树、柳树、胡桃等多种灌木。林间栖息有狐狸、野兔、山鸡、老鹰、喜鹊等动物。

"平陆不平沟三千"

位于山西南端的平陆，地处陕、晋、豫黄河金三角地

平陆地貌示意图。平陆境内山岭起伏且沟壑密布。

锥子山

以山高坡陡、孤峰似锥而得名的锥子山，又名尖尖山、三尖山，位于平陆坡底北境，与峨罗山隔长命河相望，当地人称两山为姊妹山。远望此山，如一峰耸入天际，实际海拔1787.3米，为平陆的最高点，与最低处的下坪鸦石东河滩高差达1549米。

锥子山属中条山东段支脉。山体由元古宙变质岩系组成，为剥蚀侵蚀大起伏断块中山，群峰如涌浪，山势陡峻，沟壑纵横。虽地表因风、雨之蚀而形成嶙峋怪石，但植被覆盖良好，由灌木及乔木组成的林地是平陆县境春、夏难得的"绿色氧吧"；至秋天，山腰以下沟壑中的灌木黄栌木，以簇簇红叶染红山间。山间蕴藏有丰富的矿产，包括铜、铁、铅、锌等。

四州山

四州山可谓历史名山：春秋时，此山是虞国北部边境的屏障；晋献公假虞灭虢所经的通道就在此山脚下；山的西边则是伯乐识千里马的虞坂（今青石槽）。它位于平陆张店镇境，原名清凉山。其山顶广阔、平坦，周边一览无余，可远眺晋、豫两省，其中包括山西的蒲州、解州、绛州，河南的陕州，所以得名"四州山"，俗称"四州吃塔"。在冷兵器时代，四州山位置显要，据此可扼控南北通道。

四州山周长约13千米，最高海拔867.9米，是中条山的一脉，属黄土高原系，受流水冲蚀，沟壑纵横于山地间。历史上这里曾是不毛之地，但经过改造，如今的山坡林木茂密，在以松树、刺槐为主的群

带。其虽名"平陆"，乍一看去，似是指此为平坦之地，然而这里地貌复杂，境内山峦起伏，平均海拔在600米左右，山区面积占70%以上，有多达268座山、3195条沟、24条塬。关于"平陆"此名的由来，据说是唐天宝元年（742）陕州太守李齐物开凿黄河三门峡以利河运，"得古刃，有篆文曰'平陆'，因更名"（《新唐书·地理志》），沿用至今。正因为其地名与地貌相差甚远，就衍生出了"平陆不平沟三千"的有趣俗语。

这些沟壑集中分布于平陆的黄土残塬沟壑区及黄土

山岭沟壑区。黄土残塬沟壑区主要在南村以西及沿黄河一带，这里以黄土覆盖为主，土层较厚，但结构疏松，易被雨水冲刷，加上植被稀少，因而水土流失较为严重，形成沟壑。黄土山岭沟壑区分布于三门、坡底、下坪、曹川等地，地势起伏不定，地质结构复杂，土壤稀薄处多岩石或碎石层，加上多为砂质土壤，面蚀、沟蚀与重力侵蚀等都较严重，因此也是沟壑发育的区域。沟壑多，意味着水土流失严重，据相关数据，这里的水土流失面积达906平方千米，每年入黄河的泥沙量多达400余万吨。受气候影响，这里的降雨集中在夏季，这也是沟壑形成的重要因素。平陆著名的沟壑包括九龙沟、黄底沟、马泉沟、贺峪沟、畔沟、安沟等。

龙陡峡

龙陡峡有个大号，称"中条山峡谷"，它其实只是平陆凤凰山中的一条河谷，但因是中条山南麓的第一大峡谷，所以就有了"中条山峡谷"之号。峡谷位于平陆曹川的下涧村，为下涧河河谷的一部分，由北向南插入黄河，全长7.88千米。

从地貌上看，龙陡峡其实也是平陆的众多沟壑之一。太宽河与甘沟河在凤凰山脚的峪口汇合后，即以大水量冲蚀所流经的地层，由此形成了直达黄河的峡谷地貌。谷中随地势跌宕，在悬崖峭壁间形成大小瀑布达13处，为中条山最大的瀑布群。由于水汽的滋养，谷中植被茂密，且形成小气候，相对较清凉。

三湾黄河湿地

黄河在转了一个"几"字形大弯后，被三门峡大坝拦腰截住，在平陆县境的三湾村域孕育了一片湿地，面积3.9平方千米。这片湿地属河流淡水湿地，河湾较多，浅水漫滩，主要地貌为黄河阶地及河漫滩。

三湾黄河湿地背风向阳，气候温和，植被丰富。湿地植物主要有小香蒲、狭叶香蒲、芦苇、花蔺、眼子菜、泽泻、假

三湾黄河湿地多浅水漫滩，繁育了多种湿地植物，广阔的水域也吸引了水鸟到此栖息过冬。

黄底沟两侧的陡崖峭壁是黄河常年侵蚀作用的结果。

稻、狼把草、薄荷、蔍草、扁秆蔍草、褐穗莎草、牛鞭草、千屈菜等，其中狭叶香蒲和芦苇为平陆水生植物群落的主要建群种，小香蒲和眼子菜为优势种。水域中还有大量水生植物、软体动物。每年10月白天鹅自西伯利亚陆续飞往此地越冬，停留至次年3月。这些动植物与水体所构建的湿地系统，发育出相对完整的食物链。

黄底沟

平陆黄底沟位于三门峡水库北侧，为三门峡峡谷段的入口处。在流水常年侵蚀之下，黄底沟两侧形成了深约百米的直立峭壁，出露有古三门系湖滨阶地以及两级河流阶地。这三级阶地均位于黄底沟西侧，黄底沟东侧也发育有同等阶地，但侵蚀破坏较为严重，仅湖滨阶地保存较好。其中，湖滨阶地下部为古三门湖湖相沉积，湖相沉积最高层位厚约36米；黄河二级阶地属典型的河流阶地二元结构，阶地下部为厚约20米的砾石层与粉砂层互层，上部为河漫滩粉细砂沉积，砂层之上为厚约11米的黄土沉积；一级阶地下部未出露砾石层，上部为厚约11米的黄土沉积，东延村及主要耕地位于此阶地上。

研究者认为，黄底沟两侧峭壁的地层，有如黄河的史书，是记录黄河发育历史的经典剖面。自青藏高原剧烈隆升以来，黄河中上游地区的一系列断陷盆地聚水成湖，如运城古湖盆、银川古湖盆、河套古湖盆、汾河古湖盆以及三门峡古湖盆等，黄河正好贯穿了这一系列古湖盆。三门峡古湖盆位于中国地势第二阶梯向第三阶梯过渡的边缘，此处以上，河道多为山地，以下则为平原地带，三门峡山地成为黄河东流入海的最后一道关隘。黄底沟作为三门峡的入口，其剖面出露的湖滨相沉积层代表了三门峡古湖盆消亡的最后阶段，而两级河流阶地则代表了黄河在本地区河道形成的阶段。研究人员对黄底沟剖面层的研究表明，大约在距今15万年前，古黄河就已切穿了三门峡山地，向广阔平坦的华北平原奔流而下。

核桃凹南峰

运城盐湖区域的最高点为中条山核桃凹南峰，海拔1494.7米，与海拔324.5米的盐池高差达1170.2米，从运城盆地远望，犹觉高耸。

核桃凹南峰又名刀山，古称直岔岭、横岭，地处核桃凹村南境，由元古宙变质岩系组成的庞大山体，构成了盐湖与永济、芮城的交界山。从地貌上看，它是中条山西段的剥蚀侵蚀大起伏断块中山。山上土层较薄，降水量少，山间植被稀疏。然而，这略显荒凉的地方却是中条山区的铜矿蕴藏地之一。

四十里岗·七里岗

运城市境内的地貌大致可分为基岩山区、山前倾斜平原区、冲（湖）积平原区、黄土台塬区以及黄土丘陵区。解池、硝池北岸的四十里岗、七里岗即属于黄土丘陵区的一部分，是当地与鸣条岗齐名的条带高地。

四十里岗东起运城南街，西至车盘印家坡，长近20千米；顾名思义，七里岗较四十里岗短，仅长4千米，东起杨家庄，西至运城东街。四十里岗、七里岗一带为条形土岗，呈北东—南西走向，比周围地面高5—15米，与解池北面的高差为30—40米，与湖面最大高差达50米。两岗的岗面主要为黄土所覆盖，呈波状起伏，坡度平缓，微向西倾斜，南侧因为受到解池的侵蚀切割，多呈土坝状。

汤里滩

运城市境内有伍姓湖、硝池、汤里滩、鸭子池等天然湖泊，基本上，每个湖泊边上都有自己的"保护神"——湿地。汤里滩即是其中重要的一分子。它位于运城盐湖区境安邑的三家庄村与东郭之间，是"保护"盐池的一大天然滩地。

汤里滩海拔325—337米，地势低洼，是磨河、上月、界滩等村沟道洪水的汇集处，故能形成滩地。它所在区域气候温和，年降水量570毫米。滩地的水位会出现周期性的涨落，外围的农田受此影响，土壤盐碱化严重，尤其是冬季。汤里滩与运城其他天然湖泊滩地一样，周围沼泽化、盐碱化严重，盛产食盐和芒硝。生长于滩地及周边的植物多为耐水、抗盐碱性的种类，如芦苇、碱蓬、小香蒲、委陵菊等。

解池

解池是著名的内陆咸水湖，也是山西最大的池盐产地。它形成于新生代喜马拉雅构造运动时期，受地壳板块运动的影响，中条山所在地升则成岭，降则为凹陷地带，至今已有5000万年历史。这里地势低洼，古海洋退却后，大量含盐的矿物质随洪水汇集于此凹陷处，经长期的沉淀蒸发后形成了天然的盐湖。另外，这里地处中条山北麓，属暖温带

中国部分盐湖分布示意图。中国的盐湖众多，大部分分布在青藏高原和西北地区。其中扎布耶盐湖、察尔汗盐湖、茶卡盐湖、运城盐湖（即解池）面积较大，构成中国的四大盐湖。

解池位于中条山北麓，湖面宽广。在一定的水质、盐度、酸碱度下，湖中的红色生物增多，使部分湖面呈现玫瑰般的色泽。

大陆性季风气候区，夏季气温高，吹东南风，风速为四季之冠，因此夏季的南风使解池的盐水加速蒸发，凝结成盐。

解池位于黄河北干流由北向东的转弯处，东西长约30千米、南北宽3—5千米，面积约130平方千米，湖面呈东北—西南向的长条形展布，是世界三大硫酸钠内陆湖泊之一。解池又叫盐湖、河东盐池，是中国最著名的池盐产地，以生产潞盐为主，是中国开发最早的盐湖。早在《山海经》中，就已经有这样的描述："又南三百里，曰景山，南望盐贩之泽……"其中，"盐贩之泽"指的正是解池。晋人王廙《洛都赋》中记载"河东盐池，玉洁水鲜，不劳煮沃，成之自然"，可见生活在黄河流域的先民，很早已经接触到这种不需要煮制就能直接食用的天然池盐了。虽然人类对池盐的取用源源不绝，但是解池及周边因含有大量可溶性盐类矿物质，因此池中的盐分千百年来有增无减。

硝池

本与解池连成一片的硝池是运城盐湖的重要组成部分，位于运城解州城境西北的中条山脚下，与解池有一梁（称解梁，为土梁）之隔，成因与解池一致。因含硝量大，故称硝池；其地处解池之西，故也称西池，又称女盐池。其海拔330—340米，东西长5—6千米、南北宽4—5千米，面积约20平方千米，承接五龙峪、白峪口等10条沟道的洪水和长乐、北贾、席张等滩地的碱水排入。

硝池一带年均温11.8—13.7℃，年降水量490—620毫米（大都集中在7—9月之间），年蒸发量却高达1000毫米，因此湖水呈现5%—20%的盐度，整体显示为碱性，属于混盐水体。在干旱的季节，硝池主要产盐；而在雨量多的季节，硝池则主要产芒硝。包括硝池在内的运城盐湖区域，当受到暖冬气候的影响，湖水遇冷会使水中的硫酸钠结晶而出，形成形态各异的美丽白色结晶，称之为硝凇。湖水中生物主要为藻类，组成成分以蓝藻门和绿藻门为主。

大嵋山

大嵋山主体坐落在临猗县境西北部，其北部有少部分隶属万荣县境。此山古称云梦山，原来由大嵋山、小嵋山、三嵋山3座山峰组成，故又称"云梦三山"。但自明代以来，留存的山体只有大嵋山、小嵋山，并称"二嵋山"。

大嵋山海拔692.5米，地处峨嵋台地上，南北略长，呈椭圆状，面积6.5平方千米。它是典型的黄土高坡少壤绵土之地，属纯土山，山顶平坦，四周呈台阶式上升。山体中含稀土元素，如硼、锰、钼、镧、硅、镨、铈等。

大嵋山区域年降水量约500毫米，光照良好，温差较大，且海拔和纬度都适宜种植麦、棉、果树和药材，现已成为当地重要的苹果种植基地。

临猗坡上平原

受燕山运动和喜马拉雅运动等造山运动的影响，临猗地区在地质构造上形成了现在的地堑盆地和峨

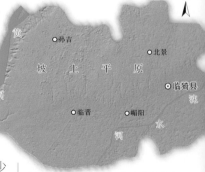

临猗地貌示意图。临猗地势北高南低，北为坡上平原，往南过渡为平地。

雪花山北坡的峭壁（如图）是地质运动、流水、植物的共同"杰作"：北坡山体在地质运动中被剧烈抬升后，流水沿节理对其进行雕琢，生长于石缝中的植物也不断侵入岩石内部，使岩石发生崩塌，形成怪石嶙峋的峭壁。

峨嵋台地两种地貌，表现在地貌上，则是当地所称的"坡上"（黄土台塬）、"坡下"（平地）两个地理小区，形成了北高南低阶梯式的地貌景观。其中峨嵋台地为临猗"坡上"，属于台塬，因地势较高而地上平坦，形成所谓的"坡上平原"，它是相对于南麓的平地而言的，两者之间有宽1000米左右的倾斜缓坡地带。

这片坡上平原占全县面积的50.96%，约632平方千米，海拔在500—580米之间。南缘由于长期受到雨水冲刷，故形成的南北向沟壑有2000多条，一般沟长1—3千米，最长者可达7千米以上。这里土层深厚，年降水量约500毫米，年均日照时数为2350小时。此地雨量适中、光照充足，且海拔高、温差大（昼夜温差在15℃以上），是公认的最佳苹果生产带之一。

雪花山

雪花山属中条山的西段山体，位于永济城东的马铺头村南。因山高气寒，其他峰的雪融化时，唯此峰白雪皑皑，故名。同名主峰海拔1994米，山顶平坦，是北台期的夷平面，是整座中条山的主峰。

东西走向的雪花山，山体由太古宙、元古宙变质岩系组成，呈台阶状。与其他中条山山脉所属的兄弟山体一样，它亦属于剥蚀侵蚀大起伏地垒式断块中山。北坡受中条山前断裂带及新构造运动所形成的断层影响，多断崖绝壁，怪石嶙峋。山前留有断层三角面及洪

受地质运动和岩溶作用的共同影响，五老峰山形巍峨，峰丛耸立。又因雨水较多，常出现云雾缭绕的景象。

积扇群；南坡地势平缓，植被较北坡丰富、茂密。主要的林木有松树、柏树、橡树、枫树、荆条等，林间则是狐狸、野兔、喜鹊等动物的天堂。

五老峰

　　五老峰位于永济南部与芮城交界处、虞乡的南梯村南部，属中条山西段山体，呈东西走向，面积约30平方千米，最高处月坪梁海拔1809米。

此山由玉柱峰、东锦屏峰、西锦屏峰、棋盘山和太乙峰组成，远望犹如5位彬彬有礼的老人，故称"五老峰"，古名灵峰、五老山。五老峰是河洛文化早期的传播地和北方道教全真派的发祥地之一，《七鉴道书》称之为"道家天下第五十二福地"，民间有"晋北拜佛五台山，晋南问道五老峰"之说。

　　五老峰的山体基岩以花

岗岩和砂岩为主，地表岩石属沉积—变质岩类型。在造山运动的作用下，形成了拔地而起的险峻峰林和千姿百态的天然溶洞——这是古生代石灰岩所形成的岩溶地貌在五老峰的呈现，也是发育在近代地壳稳定上升基础上的壮年期地貌。沿山麓发育有山洪冲积形成的扇形砂石地。山中泉水丰富，是晋南难得一见的水润山地。

五老峰的植被具有垂直分布的特点。海拔1800米以上有亚高山草灌丛，主要是以胡枝子为主的散生丛状灌木；海拔500—1000米的前山及山脚是农垦草灌带的"领地"，主要以薹草、白羊草、蒿等中矮型草本植物为主；夹于其间的，自上而下分别是针阔叶林带和疏林灌丛带。茂密的林地则是野鹿、羚羊、蝮蛇、金秃鹫、野猪等动物的栖息地。

栲栳台塬

栲栳台塬是峨嵋台地的组成部分，主体位于永济的栲栳境内，其塬边北起张营北阳村，向南经栲栳、文学，至蒲州向东，越任阳，至小朝村然后折向东北，全长约50千米，面积235.47平方千米，占永济国土面积的19.29%。

栲栳台塬海拔362—403米，高于其西边的黄河阶地。塬上地势平坦，间有沟壑。塬边沟壑短而陡，呈犬牙状。台塬的土壤为褐壤土，比较肥沃，是当地重要的棉花、苹果、葡萄等作物的种植基地。

北阳—长旺黄河阶地

永济境内的黄河阶地位于栲栳台塬的西边，北起张营的北阳村，南抵韩阳的长旺村，长48.6千米，受黄河水量的影响，其宽度随主河道迁移，时有变化，总面积超过200平方千米。海拔335—363米，东高西低。西为黄河河床活动区，有滩地105.9平方千米。

这片黄河阶地为黄河东岸阶地的组成部分，由黄河冲积而成，主要为一级阶地和二级阶地。阶地的地表堆积巨厚的冲洪积相地层，据测算，厚度超过400米，有利于小麦等作物的种植。

水谷

水谷现名神潭大峡谷，位于永济市境南部的水峪谷口村附近，属中条山北麓的山谷地貌，北临水峪口，南依芮城九峰山，全长约18千米，宽度从三四米到十余米不等。峡谷出露的岩石包括太古宙片麻岩、花岗岩侵入体、震旦纪石英砂石、寒武纪及奥陶纪灰岩等，地层古老。

水谷所在的河道是永济市境内中条山的一条主要河道。它的形成，与中条山隆起

水谷两侧山体岩石节理丰富，植被覆盖率低。

王官峪瀑布由东、西两条瀑布组成。其中东瀑布（左图）水流量大，颇有气势；西瀑布（右图）从高处坠下，在底部"凿"出下凹的水潭。

和永济所在的运城盆地拗陷有关：由于地势差异，流水沿中条山体而下，不断顺着其隆起所产生的裂隙进行侵蚀，最终穿过古老的地层，造就了今天所见的峡谷地貌。它的存在至少已有千年的历史。峡谷内有瀑布、泉水、水潭多处。水谷内气候适宜、土壤肥厚，植物资源十分丰富，无论是数量还是类型都与中条山整体情况相吻合，现有维管束植物100余科400余属700余种。

王官峪瀑布

王官峪瀑布是中条山地中最有名的瀑布，位于永济市境东南的清华王官峪村境，因古王官城建于此，故名。瀑布流水源出中条山深处的黑龙

潭，潭水顺着东涧流到凌空屹立的天柱峰遇坎跌落而成瀑布，这就是王官峪瀑布。因流水天长地久侵蚀之故，瀑布两壁悬崖形成许多有细孔的钟乳石（当地人称之为"升水石""吸水石"）和石笋，钟乳石和石笋又连接成石柱。崖壁上苔藓与菌类丛生。

王官峪瀑布有东、西两条瀑布，相距并不远。因崖石绿苔覆盖，水从石出，如珍珠落地，所以东瀑布又叫水珠垂帘，落差48.64米，其水流充沛，四季成瀑，且冬季会形成冰瀑，瀑布下形成水潭。西瀑布有"石崖喷雪"之称，落差220米，若遇枯水期，瀑布就会消失。两瀑之水在天柱峰前合二为一，形成一条湍急的

溪流，沿着峡谷汩汩而出，古称"贻溪"。

伍姓湖

伍姓湖位于永济市区东部5千米处，历史悠久。北魏《水经注》中记载，它的前身是涑水河西南的一个"陂"（水塘），"陂"分为二，东陂为晋兴泽，西陂称张泽，又名张杨池；清代《河东盐法志》则载，因湖旁有五姓人家居住，所以改叫"伍姓湖"，也称"伍姓滩"。

伍姓湖是涑水河永济地带的主要蓄洪排碱及地下水潜流排泄地，是山西省境内最大的湿地淡水湖，也是山西最大的湿地保护区。湖泊的大致界限，西止于三张村，南近同蒲

铁路，东抵孙常村北，呈三角形，东西长约10千米、南北宽约8千米。水丰时则湖面大，一般在10—20平方千米，最大可达40平方千米；水少时则湖面小，历史上一度干涸，现仅有水面6平方千米。水深一般为1—3米，湖底高程在344米。其周边还分布有约20平方千米的滩地。

百梯山

与五老峰相对望的百梯山，坐落于芮城大王镇境的北部，为芮城县境的制高点，主峰方岭海拔1993.8米，面积约14.7平方千米。整座山体山势

逶迤，山峰高耸，悬崖壁立，顶峰平整。

百梯山与五老峰相距不远，地质相同，山体主要由五老峰花岗岩及变质岩层构建，在地貌上同属剥蚀侵蚀起伏中山。它有两处引人注目的地貌，一是主峰之下海拔1883米的跑马汕，长2000多米、宽约3米，上下石壁陡峭，是一条天然形成的栈道；二是海拔1700米的高山天池——饮马潭，涌流不绝，这在中条山极为罕见。

百梯山有丰富的生物资源，乔木、灌木、草本、藤本植物同生一地，包括核桃树、

百梯山面积广大，山体形态变化多端，有的平整如长墙（上图），有的则绵延起伏（下图）。

香椿、五味子、连翘等360余种植物，另有栖息于此的飞禽走兽40余种。

九峰山

九峰山是晋南的道教名山，传说吕洞宾曾在此修道，故又有"吕仙道教圣地"之誉。这一声誉的形成，与九峰山的自然环境不无关系。它位于芮城阳城的西尧村中条山南麓。山有九峰，故得名"九峰山"。这九峰分别为桃花峰、杏花峰、樱桃峰、百合峰、石榴峰、葡萄峰、仙果峰、梨花峰、枣花峰，坐北向南呈"一"字形排开，形成厚实的山体。九峰之前又有鸡头山和魏微圪塔山两山分立左右，并夹峙形成一条近20千米长的直通黄河的大峪。因此，整座九峰山的山势呈现为中间低平开阔，两边山峰护翼之形，似圈椅，故又称"玉椅"。同时，九峰中又各自形成九洞，即寂照洞（迎宾洞）、绣花洞（绣花楼）、道姑洞（姑姑庵）、摩崖洞、纯阳洞（吊钟洞）、莲花洞、静心洞、寒鸦洞、玉石洞。凭借这些环境清幽的洞穴，加上人迹罕至的深山，九峰山自然成为修道者的心仪之所。

九峰山最高海拔约1600

三门峡库区湿地 位于本区南部与河南、陕西的交界处的三门峡库区，在蓄水期（10月—次年6月）以河流、湖泊湿地为主，在泄洪期则以河流、滩涂、沼泽湿地为主。多样的湿地组合为其带来了丰富的生物资源，湿地内共有脊椎动物287种，高等植物782种。图为该湿地中的白天鹅。每年冬天都会有成千上万只白天鹅在此栖息越冬，使三门峡库区成为"天鹅湖"。

米。其山体范围东至黑龙潭、龙凤岭，西至王莽洞、雷神卦，南至苇园地、企鹅岭，北至胡霸庵、土丹庙，东西宽约5千米、南北长约10千米。山间分布有松柏5000余亩，经济林1600亩，构成了一个天然森林公园，此山因此是芮城生态的重要支撑点。

圣天湖湿地

圣天湖湿地位于陕、晋、豫三省交界处的芮城陌南镇境，南与灵宝函谷关隔河相望，是一处黄河中游最大的淡水湿地。所在地原为黄河古道，后因河道变迁而遗留成为湿地。

湿地以被誉为"黄土高原第一湖"的圣天湖为主要水体构建，面积约3.1平方千米，其中水域面积约2.3平方千米，湿地面积约0.8平方千米，湖内红白荷花面积超过1.3平方千米。圣天湖水体温度相对较低，全年有近5个月的冰封期。

圣天湖湿地是众多珍稀濒危野生动物在中国北方的主要越冬场所，也是候鸟迁徙停歇的重要"驿站"。据统计，经停湿地或长期栖息于此的动物有天鹅、鸬鹚、白露、黑鹳、灰鹤、鸳鸯、鸿雁、翠鸟以及各种野鸭等鸟类238种，其中留鸟57种、夏候鸟60种、冬候鸟30种、旅鸟91种。

永乐涧

芮城境内多沟涧，出山入河的沟涧就有14条，其中包括永乐涧。它是黄河支流，因河流经孙家涧村，故又名孙家涧，也称寒谷涧，源于中条山南麓的杜庄九峰山下的大庵村，自北向南流经东尧、柏树、营子村，过韩王庄、孙家涧、王家涧、封家涧等村落，由窟垛南汇入黄河，全长18.5千米。流域内山地面积有8.52平方千米，丘陵地带面积则达34.63平方千米。

与当地大多数沟涧有明显的季节性流水不同，永乐涧属常流河，无封冻期，夏季主要由降水补给，冬季则依靠地下水补给。河流泥沙含量较大，主要有两方面的原因：一是流域内多有黄土分布，土层疏松，水土易流失；二是植被覆盖率低。由于年水流量大，永乐涧成为流域内主要的农业用水，并有效降低了当地的干旱程度。

针阔叶混交林区

中条山位于太行山和华山之间的狭长地带，是山西热量条件最好、降水较多的地区，也是植被类型最多、种类最丰富的地区。中条山林区范围广大，其中，原始森林面积约8平方千米，是迄今为止人类发现的中国西北黄土高原上仅存的一块保存完好的原始森林。

针阔叶混交林即是其森林的重要组成部分，也是海拔最高的林带。

作为运城盆地乃至整个晋南的主要植被类型之一，针阔叶混交林在中条山所呈现的成分与他处有所差异。其中，阔叶树种以橄栎、辽东栎、栓皮栎、橿子栎为主，占有超过60%的林地面积，针叶树种则以油松、华山松为主。混交林中，伴生有少量的山杨、白桦、侧柏林等，另外还有一定数量的亚热带种属，如领春木、连香树、南方红豆杉、三叶木

亚高山
草甸带
2200m
针阔叶
混交林带
2000m

松栎林带

800m
疏林灌丛及农垦带
400m

中条山植被垂直分布示意图

通、葛藤，同时混生有一些经济价值较高的树种，如山茱萸、软猕猴桃、华中五味子、漆树、杜仲等。这里的针阔叶混交林区有国家级重点保护植物15种，是华北木本植物区系中珍稀濒危植物较为集中的地区。

舜王坪草甸

位于沁水、阳城、垣曲和翼城四地交界处的舜王坪，为历山主峰，海拔2358米。其山间植被呈现垂直分布特征，即随海拔的升高，依次分布着侧柏林带、松栎林带、栓皮栎林带、杨桦栎林带和山地草甸带。其中，2.47平方千米的山地草甸带为舜王坪的主要植被带之一，也是华北最高的亚高山草甸带。

这里属暖温带大陆性季风气候区，位于东亚季风气候区的边缘，常常受东南沿海季风的影响，降水量较大，土壤的水分条件好，土层较厚。由于地貌、气候、海拔高度和坡向的不同，环境条件复杂，所以组成草甸的植物类型多种多样，其中以耐寒的多年生中生草为主，并混生有湿生和旱生植物。代表性的群种有禾本科、豆科、菊科植物，形成

山地草甸为舜王坪的重要植被，其类型多样，分布面积大。

的典型群落如下：生长于海拔2100米之处的有由委陵草、长芒草、披针薹草等组成的群落和由小连翘、蛇莓、勿忘草组成的群落，属林缘草甸；生长于海拔2200米之处的有碱茅、老冠草、苦荬菜群落和东方草莓、碱茅、蒲公英群落；海拔2250米处，是早熟禾、披针薹草、蒲公英群落的"地盘"；生长于海拔2270米之处的则是蒲公英、东方草莓、勿忘草群落；海拔2260米的地带，有百里香、连翘、金莲花、三裂绣线菊群落；海拔2310米的地方，则以披针薹草、早熟禾、珠芽蓼组成的群落一枝独秀。

由于草甸上植物多样，夏季时随处可见红、黄、蓝、紫、白等五颜六色的花朵点缀其中，形成了著名的五花草甸。

历山自然保护区

历山自然保护区是以保护暖温带森林植被和珍稀野生动物猕猴为主的自然保护区。保护区位于翼城、垣曲、阳城、沁水四县交界处。这里属于暖温带大陆性季风气候区，夏季炎热多雨，冬季寒冷干燥，雨热同期，年降水量600~800毫米，自然条件优越，植物生长茂盛，素有"山西植物资源宝库"之称。

这里的原始森林保存完好，野生动植物资源丰富。仅种子植物就有1000余种，植被类型以落叶阔叶天然次生林为主，具有亚热带向暖温带过渡的特点，多属温带植物，也有亚热带植物出现，如红豆杉、领春木、四照花、连香树、野茉莉等。森林植物组成以油松和栎类占优势，伴有一定数量的白皮松和华山松。

同时，这片生态良好的林地内栖息着陆栖脊椎动物222种，其中鸟类有金雕、雀鹰、勺鸡等151种，兽类有猕猴、金钱豹、麝等45种。这里还有属于热带、亚热带的带花蛇、长尾山椒鸟、大鲵等。其中，有黑鹳、大鸨、原麝等7种国家一级保护野生动物，有勺鸡、红隼、猕猴、大鲵等45种国家二级保护野生动物。

涑水河源头自然保护区

顾名思义，涑水河源头自然保护区就是设立于涑水河源区域的自然保护区，位于中条山西北麓，其地属绛县、闻喜、翼城和垣曲的交界地带，总面积224.87平方千米。从气候上看，保护区地处暖温带，降水量充沛，气候适宜，土壤肥沃，植被茂盛，自然条件优越，因

而自然生态系统复杂多样，野生动植物资源丰富。

保护区内植物种类繁多，分布有种子植物达782种，主要植被类型为油松、白皮松、华山松、侧柏及槲栎类植物等，其中，国家级保护珍稀濒危植物有木姜子、异叶榕、红豆杉等，省级保护珍稀濒危植物有猬实、山白树、青檀等。在根深叶茂的森林的庇护下，这里云集了众多的野生动物种群，陆生脊椎动物达270种。其中，有国家级重点保护野生动物30种：国家一级保护野生动物4种，分别是金钱豹、黑鹳、金雕、大鸨；国家二级保护野生动物26种，有天鹅、蜂鹰、狼、豺、隼类等。除此之外，保护区内还有山西重点保护野生动物18种，包括刺猬、麝、鼯鼠等。

太宽河自然保护区

太宽河自然保护区位于中条山中部的夏县泗交镇境。这个保护区以暖温带落叶阔叶林，特别是野生板栗林，以及红腹锦鸡为主要保护对象。

保护区地域属于中低山土石山区，地势西北高、东南低，分布有山地、丘陵和谷地等地貌。最高点是海拔1630

米的莲花台，最低处则为海拔400米的麻岔村境，高差达930米。境内的泗水河、太宽河和干沟河以及淋溶褐土地、山地褐土，为植被的生长发育提供了必要的水分和养分，加上气候温和、四季分明的温带大陆性半湿润季风气候的影响，这里孕育了近900种维管束植物，形成了以暖温带落叶阔叶林为主的植被类型。其地带性的植被特征是：落叶阔叶林占绝对优势，包括栓皮栎林、槲栎林、板栗林、麻栎林、野核桃林等，针叶林类型呈小面积分布，有油松林、侧柏林等，还伴生有泡花树、八角枫、苦木等北亚热带的植物区系成分。

自三叠纪末期以来，保护区所在的中条山区一直保持着温暖与湿润的气候特征，第四纪冰川在这里造成的影响不大，因而保护区成为许多古老植物的庇护所，如领春木，还有樟科、木通科、金缕梅科等科植物。同时，这里又是许多温带植物南下的通道，例如松潘乌头、辽东栎等经中条山分布至秦岭一带。保护区内还保存了较丰富的珍稀濒危植物树种，现查明的共23科26属31种（含变种），种数占山西珍稀濒危保护树种的70%以上，包括银杏、山白树、青檀、水杉等。

中条山国家森林公园

中条山国家森林公园地跨夏县、垣曲、翼城、沁水、阳城等地，是中条山的东段，占地面积330多平方千米。这里山大林深，自然生态环境状况受人为影响较少，是一处天然的野生动植物宝库。

中条山国家森林公园内气候温和，降水充沛，属暖温带大陆性气候。这里自然条件优越，是温带向亚热带过渡的区域。其海拔自400米起，到最高处海拔2300米，1900米的高差范围内，随海拔高度的升高，其气候、土壤也相应出现变化，进而影响到植被的分布，形成立体的植被垂直分布带谱，自下而上依次为灌丛农垦带、疏林灌丛带、针阔叶混交林带、落叶阔叶林带、山地阔叶林带和亚高山草甸带。

不同植被带谱的存在，造就了园区多样的植被景观，在华北植物区系中占有独特的地位，素有"华北天然植物园"之美称。园内植被类型繁多，林木苍莽，主要以温带和暖温带植物区系成分为主，也有亚热带区系成分分布其间，是许多热带、亚热带植物分布的北界。其中种子植物1000余种，主要树种有橡树、桦树、杨树、油松、华山松等；珍稀的树种如领春木、狒实、连香树、青檀、红豆杉、山白树、木姜子、脱皮榆、红榆等亦在这里觅得一席之地。林间是动物栖息的天堂，以此为栖息地的动物有金钱豹、猕猴、水獭、林麝、大鲵、金雕等，都是国家级保护的稀有动物。最珍贵的是猕猴：中条山是猕猴自然地理分布最北线，有猕猴10余群共500多只。

凤凰谷森林公园

凤凰谷因其形态酷似一只迎风展翅高飞的彩凤而得名，位于运城南侧中条山腹地，行政上属于盐湖区境。由凤凰山和东、西两谷组成，5条自然沟壑分布其间，构成面积200多万平方米的茂密森林覆盖区，最高海拔1200米。

园区的气候属于典型的温带季风性气候，气候温暖湿润，自然条件优越，四季分明。在这座"天然氧吧"中，动植物资源丰富，分布有100多种植物种类和近200种野生动物。除了一些常见的温

受益于良好的气候条件和多样的土壤类型，历山自然保护区中林
木繁茂，呈现草甸、灌丛、森林并存（如图）的景观。

凤凰谷森林公园中植物漫山遍野，覆盖率极高。

带植物外，这里还生长着辽东栎、五角枫、山茱萸、连香树、五味子、荡蛇藤等适应温带及亚热带气候的植物。更引人注目的是，这里还分布着山杏、山梨、山葡萄、山核桃、野桑葚、红樱桃等多种野生的果树。游荡于密林间的动物则以山鸡、麻雀、松鼠最为常见，还有国家重点保护动物褐马鸡。

槲栎林

槲栎林是中条山落叶阔叶林的重要组成部分。主要分布于中条山南部的平陆、夏县、垣曲的望仙和马家河等地，其他地方亦有零星分布。

槲栎林是温暖湿润地区地带性生境的代表植被类型，中条山正是它在山西的适宜生境之一，一般分布在海拔950—1400米的阳坡、半阴坡和阴坡，垂直分布的幅度较大，生境土壤主要为山地淋溶褐土。槲栎林所形成的乔木层，还混生有多种树种，包括锐齿槲栎、辽东栎、栓皮栎、漆树、脱皮榆等，灌木有二色胡枝子、黄栌、山桃等，草本则有薹草、北苍术、地榆、野古草等，它们组成相对稳定的群落。槲栎林一般为次生林，萌芽力强，在采伐或火烧后，再经封禁，促进天然更新，便可成林。

槲栎林的主角槲栎，稍耐阴，喜温暖潮湿的环境。槲栎生长缓慢，寿命较长，高可达25米。槲栎的速生期始于树龄10年左右，速生高峰期为10—60年，依林区的立地条件而异。

栓皮栎林

栓皮栎又称青杠碗、软木栎、粗皮栎或白麻栎，以树皮具有发达的栓皮层而得名。以栓皮栎为优势种的栓皮栎林，与槲栎林一样，是地处暖温带的中条山区常见的地带性植被类型，属落叶阔叶林。本区的平陆莲花台，绛县芦家坪，夏县下秦涧、泗交、祁家河等地多有分布。其生境以山地棕壤和山地淋溶褐土为主。

在中条山，喜光的栓皮栎所组成的林带主要分布在海拔1400—2000米的向阳山坡上，多为纯林，密度较大，林相整齐，平均树高13—20米。林下的灌木层常见连翘、多花胡枝子、杭子梢、荆条、牛奶子等植物，层高一般为0.5—3米；草本层主要由柴胡、黄背草、薹草、隐子草等植物组成。另外还有华中五味子、茜草、短柄菝葜等藤本植物。除纯林外，在海拔1000米左右的地方，栓皮栎常与橿子栎、侧柏混交，或与油松、白皮松混交，组成针阔叶混交林；在海拔1000米以上的区域，则与槲栎、槲树、辽东栎组成阔叶混交林。

橿子栎林

橿子栎林是山西南部暖温带指示植物群落之一，为山西唯一的半常绿阔叶林。在本区，它主要分布于中条山山地区域的垣曲、夏县、闻喜及中条山西部的雪花山中部等地，是阔叶林的组成成分。林带的生境一般为海拔600—1500米的阳坡、半阳坡，土壤以山地褐土为主。

与吕梁山南段大多呈灌木状的橿子栎不同，中条山的橿子栎为乔木，树高10—12米，一般胸径10—15厘米，最大可达70厘米。其间还混生有栓皮栎、黄连木、槲栎、鹅耳栎等，并常和侧柏、白皮松等组成混交林；林下的灌木层主要由照山白、荆条、黄栌、连翘、三裂绣线菊等组成，一般层高在1—2米，盖度高达85%；草本层的植物有天南星、羊胡子草、北苍术、白羊草等。

板栗林

中条山的落叶阔叶林区，除了槲栎林、栓皮栎林、槲树林、漆树林外，最重要的莫过于板栗林了。天然的板栗林，纯林稀少，多数是以板栗为优势种的阔叶混交林，混生于其间的植物有槲栎、栓皮栎、漆树等。这种林带主要分布于中条山南部，尤其以夏县、闻喜较为集中，多见于海拔较低的山坡上，而在海拔1300米以上

的区域，则只能零星散生于阔叶林中。

中条山的板栗纯林主要有两种类型，一种是分布于阳坡、半阳坡的中华卷柏板栗纯林，生境的土层厚30—50厘米，土壤较干燥，多为山坡的中下部位。乔木层为板栗，间或混有少量槲栎或槲树；灌木层稀疏，主要植物种类有荆条、胡枝子、黄刺玫、三裂绣线菊等；草本层则以中华卷柏、白羊草为主要优势种，盖度较大。另一种是分布于阴坡、半阴坡的草类板栗纯林，其生境多为斜缓坡或接近陡坡，土壤相对湿润，厚40—80厘米。作为乔木层的板栗，树龄一般在40—60年，高一般为12米左右；灌木层比较稀疏，以牛奶子、胡枝子、黄栌等为

主；草本层的盖度稍小于中华卷柏板栗林，主要种类有白羊草、乌头、委陵菜、鹿蹄草等；另外还有山葡萄、葛藤等藤本植物。

国槐

国槐因原产中国，又称中国槐，常见于华北与黄土高原，是本区的常见树种，为运城市树，当地的学校、公园多有栽种。运城盆地干旱少雨，俗称"十年九旱"，且黄土沟遍布，而国槐性耐寒，喜阳光，稍耐阴，不耐阴湿而抗旱，在低洼积水处生长不良，扎根深，对土壤要求不严，较耐瘠薄，在石灰及轻度盐碱地（含盐量0.15%左右）上也能正常生长，因此，本区为国槐合适的生境。

国槐树形优美，常被用作庭院的观赏树。

国槐属于蝶形花科落叶乔木，树冠球形庞大，枝多叶密，花期较长，绿荫如盖，是良好的绿化树种，常作庭荫树和行道树。国槐花期7—8月，果期8—10月。花两性，顶生，蝶形，黄白色，7—8月开花，圆锥花序顶生，常呈金字塔形，长达30厘米；11月果实成熟，荚果肉质，串珠状，成熟后干枯不开裂，常见挂于树梢，经冬不落。

五色古槐

新绛阳王苏阳村有"五宝"，分别是五色槐花、莲花柏树、扭枝柏树、活土寺和自明碑。排在第一的五色槐花，是村人对村中一株古槐树的俗称，又称五色古槐，存在历史悠久，传说已达千年。

五色古槐为豆科槐属，是国槐的变异品种之一。这棵五色槐树高14.1米，胸径72厘米。每年的7月中旬为花期，因其花开放前为绿白色，开放时旗瓣为白色，中部为黄色，翼瓣和龙骨瓣为玫瑰红色，微带紫红色，故名"五色槐"。其叶片肥大，呈椭圆形，叶子大小和厚度是普通槐树的3—5倍。

五色古槐为温带树种，从气候上说，本区正是它合宜的生境。它喜光，较耐瘠薄，耐寒，稍耐阴，在土层深厚、湿润肥沃、排水良好的砂质壤土中生长最佳。五色古槐根系发达，扎根深，抗风力强，萌芽力强，寿命很长，少受病虫害的影响。

华山松

在中条山区，华山松是海拔1000—1600米地带的常见树种，在海拔更高的地带则生长于辽东栎林间，主要分布在垣曲皇姑曼、绛县磨里峪马崖等地，植根于褐土区域，是中条山区针阔叶混交林的组成部分。其伴生植物有黄花柳、山杨、千金榆、油松、栓栎、槲树、牛奶子、连翘、披针薹草等。

华山松是松科中的著名常绿乔木品种之一，又名葫芦松、五须松、果松等，因集中产于陕西的华山而得名。事实上，它的自然生长范围东至河南西南部及嵩山，西达甘肃南部的洮河及白龙江流域，四川、湖北西部、贵州中部及西北部、云南及西藏雅鲁藏布江下游海拔1000—3300米地带都有其踪影。华山松一般树高可达35米，胸径1米，树冠广圆呈锥形，叶五针一束，长8—15厘米。华山松喜凉爽、湿润的气候，不耐高温、干燥，不耐盐碱，耐寒力强，甚至可耐零下31℃的低温。

千金榆

千金榆为中条山区阔叶林区的组成树种，主要分布于垣曲、翼城等地。它性喜排水好的湿润土壤，多生长于海拔1450—1900米的坡度较缓的坡下及沟谷中，土壤以山地棕壤为主。

中条山中以千金榆为主构建的群落，乔木层高6—11米。伴生的乔木有山杨、黄花柳、北京花楸；林下灌木则有蚂蚱腿子、六道木、毛萼山梅花、土庄绣线菊等；草本层主要有高山露珠草、黄花乌头、贝加尔唐松草、北乌头、长柄唐松草等。千金榆还常与元

华山松在本区常见于中条山等地。

栎树 又称橡树或柞树，是壳斗科栎属树种的统称，主要分布在黑龙江、内蒙古、山东、河南、贵州、广西、四川等地，在平原至海拔3000米的山地中均能生长，在四川中部高山可生长在海拔4600米处。栎树多为常绿或落叶乔木，少数为灌木；单叶互生，深裂叶；果实有杯状外壳；花雌雄同株，柔荑花序。本区永济张家窑村东南中条山下有一棵古栎树（如图），主干高6米、胸围7.38米，主干粗壮，枝繁叶茂，颇有"独木成林"之势。

宝橄组成林带。

千金榆为桦木科鹅耳枥属的植物，是高大的落叶乔木，最高可达20米，通常高10米左右，冠幅可达12米。树皮呈灰褐色，常带黄色。它的冠形优美，枝叶紧密，落叶迟，常被当作行道树或于庭院种植。它自然分布于中国的东北、华北及河南、陕西、甘肃等地。

水杉

水杉为落叶乔木，是柏科水杉属唯一现存种，为中国特产的孑遗珍贵树种，有植物活化石之称。所发现的化石表明，水杉在中生代白垩纪及新生代曾广泛分布于北半球，但在第四纪冰期以后，同属于水杉属的其他种类已经全部灭绝。而中国川、鄂、湘边境地带地貌复杂，受冰川影响小，

使水杉得以幸存。同样幸运的是，自三叠纪末期以来，中条山的气候一直保持着温暖与湿润，使一大批古老的植物躲过了第四纪冰川的洗劫，得以幸存下来，水杉即是其中之一，主要分布在夏县太宽河自然保护区等地。平陆张店及芮城水峪村境内亦有零星分布。

水杉为喜光树种，适生于温暖湿润、夏季凉爽、冬季有雪而不严寒的气候。太宽河自然保护区地处温暖带，属大陆性半湿润季风气候区，气候温和，夏季高温多雨，冬季干冷少雪，十分适合水杉生长。此树种生长迅速，高可达35米，胸径可达2.5米。它在夏秋季生长，在秋冬季则落叶冬眠。生长过程需水量大，故土层厚、稍有积水的地方是它最适宜的生境。

中华卷柏

虽然中华卷柏的名称中带"柏"字，但与高大挺拔的柏树实在相差甚远：它属草本，是中国特有的一种卷柏科卷柏属植物，植株细弱，呈匍匐状，长10—40厘米。根托在主茎上断续着生，自主茎分叉处下方生出，因此主茎呈羽状分枝。小鳞片状的叶交互排列在小枝上，若一簇柏树小枝插于

中华卷柏生长在湿度较大的地区。

地上，叶片的表面较为光滑。中华卷柏靠孢子进行有性生殖，在生殖季节由小枝顶部生出四棱形孢子囊穗，上面分别生有大、小孢子囊。

中华卷柏基本生活在具有石灰质成土母质的土壤中，多生长在山坡阴处岩石上、山顶岩石上、向阳山坡石缝中、山坡灌丛下等，是一种土壤生态类型植物。它生长在温度适中且较为湿润的区域内，分布于中国的东北、华北、华东地区，其中在晋南地区主要见于中条山南坡的石灰岩山坡灌丛，是板栗纯林的草本层的优势种。

九节菖蒲

九节菖蒲是多年长草本，茎直立，最高不过34厘米。它的地下根茎发达，上部分枝密，所以植株成丛生状。其名"九节"，即用以形容其根茎之环节紧密。叶柄长约13厘米，基生叶为三出复叶，小叶片长圆形或卵圆形。叶子两面均披细软柔毛或早落。花期时，细长的花茎上只出一花，并带

有一枚种子，花期一般为4个月。这种植物主要分布在中条山区的绛县、垣曲、翼城直至永济。

九节菖蒲喜阴凉、湿润的环境，在疏松肥沃、腐殖土深厚的土层中如鱼得水，常见于中条山海拔1000米以上的灌丛及林间。人们常以其根茎入药，故在

九节菖蒲呈丛生状。

当下一般将其视作药材资源利用。

盐地碱蓬

盐地碱蓬属于藜科碱蓬属，是一年生草本植物，高20—80厘米，绿色或紫红色。在本区，它是永济伍姓湖、运城盐湖岸边的真盐生植物，生境的含盐量较盐角草要低，因此，离湖面相对较远，靠近中条山脚有水流的地方，盐地碱蓬成为优势植物。

盐地碱蓬（上图）和盐角草（下图）均为耐盐碱植物，在本区的盐湖等地有所分布。

盐地碱蓬茎直立，圆柱形，上部多分枝；枝细瘦，叶呈条形，半圆柱状，直伸，或不规则弯曲，先端尖或微钝，枝上部的叶较短。这种植物之所以能适应盐地环境，与它的叶子有关：叶子呈线形，表面积小，且叶表的皮细胞排列紧密、外突，可折射强光的照射，这样的结构可使叶片减少水分蒸发，从而应对因生境盐分过高而出现的生理干旱；叶子肉质化，有大型的储水组织细胞，细胞中的水分可稀释吸入的盐分，避免盐的毒害；同时，其叶的四周都有发达的栅栏组织，细胞中叶绿体丰富，光合效率高。叶片的这些结构使盐地碱蓬具有良好的保水、储水能力及较高的光合作用效率，从而在含盐地带顺利生存下来。

盐角草

盐角草是一年生低矮草本，属于聚盐植物，据说是世界现今已知的最耐盐的陆生高等植物种类之一，常生于水沟边缘、盐湖周围和积水洼地的盐沼地段，在本区主要生长于运城盐池地带。其植株常发红色，高达20厘米，茎直立，自基部分枝，直伸或上升，小枝

肉质，叶肉质多汁，几乎不发育，呈灰绿色。

盐角草之所以能在含盐量极高的地段生长，主要是因为盐角草能利用细胞中大量的盐泡吸收盐分，并且不让盐分散出来，即使在含盐量高达0.5%—6.5%的高浓度潮湿盐沼中也毫发无损，且能吸收水分以保证正常生长。人们利用这一点，在盐碱地上种植大片的盐角草，让它吸收土壤中的盐分，改善土壤结构，增加土壤肥力。

曙猿化石

中国境内目前只有两个地方发现了曙猿化石，一个是黄河边上的垣曲盆地，另一个是长江边上的溧阳水母山间。其中，在垣曲盆地发现的曙猿化石所代表的动物被科学家取名为"世纪曙猿"。所谓"曙猿"，意思就是"类人猿亚目黎明时的曙光"，这表示它是目前发现的最古老的猿类。

在垣曲盆地古近纪三套地层中，科学家已经找到哺乳动物化石约80种。其中曙猿化石丰富，包括下颌骨化石及跗骨化石等，约10件。研究发现，这些曙猿化石显示出高等灵长类的特征，比如门齿小、

犬齿大，下颌角圆，下巴前缘直立，与低等灵长类门齿大、犬齿小，下颌角向后突等特征形成强烈对比，同时，在另外一些性状上也显示了比所有其他高等灵长类都要原始的特征，而这些原始特征与古老的始镜猴类相似，人们于是倾向认为曙猿是连接低级灵长类和高级灵长类两个家族的过渡性成员。

曙猿生活在恐龙已灭绝的距今约4000万年前的中新世最晚期。当时，垣曲一带分布有淡水湖泊，黄河还没有到达这里，气候表现为常年炎热、雨水充沛。湖周植物丰茂，湖中生物众多，包括田螺、河蚌、鱼类等，特别是两栖类的爬行动物鳄鱼、腹足类的蜗牛等非常活跃。个头比家鼠大，重约200克的曙猿就生活于此。它们善于攀缘，能够在树枝端部用四足行走；食谱广泛，虫子、树果皆可入腹。与它们共生的，还有50多种哺乳动物。

五龙庙沟化石遗址

五龙庙沟化石遗址位于运城平陆的杜马境内，南北长3000米、东西宽150米。在沟西岸断层的河湖相沉积的沙层和砾石层中，堆积层厚2—

6米。遗址的地质年代属中更新世时期，为第四纪早期。这一时期，地球上的生物群与现代的形态十分接近——许多"属"一级的生物，甚至包括裸子植物、被子植物、昆虫、软体动物、鸟类、哺乳动物和其他生存到今天的生物，已经在那时出现。

从遗址中发现的黄河象化石、三门马化石等，其所代表的动物属于今天已经消失了的哺乳动物。其中，黄河象的全称为"黄河剑齿象"，因发现于黄河流域被人们俗称为"黄河象"。在数百万年前，它在黄河流域分布广泛。根据已发现的化石，可以推测黄河象身高可达4米，体长可达8米，象牙长可超3米；三门马曾广泛地分布于亚洲、欧洲、非洲和美洲，因为化石发现于以河南三门峡命名的三门组中，所以在中国称"三门马"。与现代的马相比，它们头骨较为低平，但已向现代马类单蹄方向发展，且适应了草原环境。

华北豹

华北豹是豹的一个亚种，属中国特产，所以也称为"中国豹"，是国家一级保护野生动物，主要分布于河南、河北、山西、北京、甘肃东南部、陕西北部、宁夏南部广大地区。在山西，中条山区以山大林深而成为华北豹的安居之地。中条山拥有当前华北最好的森林环境，而对森林的依赖，是华北豹的生活特征。这里的森林中生活着数量众多的狍子和野猪，为华北豹提供了充足的食物。虎、狼、豺、亚洲黑熊、猞猁这些大中型食肉动物在此已经绝迹或基本绝迹，可以说这里的华北豹几乎没有竞争对手。

华北豹身长1.8—2.2米，尾巴超过体长之半，毛被黄色，满布黑色斑点。其毛皮颜色比"远房兄弟"远东豹要深。华北豹习惯独居，昼伏夜出，捕食猴、兔、鼠类、鸟类和鱼类等，秋天还会采食甜味浆果。华北豹喜欢栖息在森林、灌丛、湿地、荒漠等地方，巢穴多筑在浓密树丛、灌丛或者岩洞中。

赤狐

俗称火狐，又叫红狐、狐狸。赤狐在山西境内多有分布，本区以地处中条山区的垣曲、夏县、绛紫、芮城、永济等地分布较多。

赤狐的形体像小黄狗，但尖嘴大耳，长身短腿，尾巴长度往往超过头体长的一半。身体毛色变化较大，常见头、躯、尾均为赤褐色，深的为赤色，浅的为黄褐色或灰褐色。它有两大避敌招数：一是遇敌情严重时会放出一种狐臭味极浓的臭气；二是听觉灵敏，行动敏捷。

在本区，赤狐生活于山地、森林、前山丘陵、平川地及河滩边，以树洞或土穴为居所。它们是夜行性动物，白天睡觉，傍晚即出外觅食，到天亮才返回；食性杂，既吃老鼠、野兔、小鸟、鱼、蛙、蜥蜴、昆虫和蠕虫等"荤菜"，也食一些野果，是一种益多害少的动物。赤狐平时单独生活，生殖时才结成小群。它性情多疑，如果窝里的小狐暴露于敌人眼前，它即会在当天晚上"搬家"，以防不测。

赤狐嘴尖耳大，身长腿短。

历山山地面积大，森林茂密，为垣曲猴提供了良好的栖息环境。

原麝

在本区，原麝是中条山区中偶尔可见的动物，主要分布在海拔600—1000米以上人迹罕至的针阔叶混交林带。它又名香獐子、山驴子等，属于体形较小的偶蹄类食草动物。从形态上看，原麝雌、雄皆无角，外观臀部明显高于肩部，这是因后肢比前肢长的缘故。成年的原麝毛色呈深棕色，沿背有两条纵纹，颈侧有纵纹两条，一般肩与背部有肉桂黄色或橘黄色斑点，这与马麝、林麝差别较明显。它有尾巴，但很短，藏在毛下；蹄子窄而尖，悬蹄发达，配合细长的腿，非常适合疾跑和跳跃。雄兽鼠蹊部有麝香腺呈囊状，囊内分泌麝香，在发情季节特别明显。

原麝一般雌、雄分居，喜独居生活。它们性情孤独，胆怯而机警。雄兽平时的神态是精神抖擞的，而雌兽则较温和腼腆。生活中，它们不声不响，即使出现敌害或发生异常现象，也只是从鼻孔里发出短促的喷气声，以表示自己的不满和抗议。但被人捕获时，则会拼命大叫。有趣的是，它们在逃脱追捕之后的几天之内，往往还会回到原居地，人们对它们这种固执的故土情怀，称之为"舍命不舍山"。

原麝所食的植物种类十分广泛，包括低等的地衣、苔藓和数百种高等植物的根、茎、叶、花、果实、种子等，冬季食物较少时还啃食树皮。它们常在晨昏活动，有相对固定的巡行、觅食路线，通常只在相对固定的范围内活动。

垣曲猴

垣曲境内的历山上生活着千余只野生中条猕猴，也就是垣曲猴。它们是中国北方唯一的猴类种群，其生活的北界大约在中条山和河南北部的太行山一带，主要栖息于历山自然保护区的锯齿山、云蒙山、横河、李圪塔、东峡、西峡等地区。这里山头众多，植被旺盛，山地气候特征明显，夏季雨水充足，气温相对较低，最高气温为26℃，比垣曲县城低13℃。

喜欢群居生活的垣曲猴，每群十几只到一二百只，且群与群之间的活动范围有领域性，通常互不干扰。它们过着半树栖生活，多栖息在石山峭壁、溪旁沟谷和江河岸边的密林中或疏林岩山上，白天在树上、山地林间活动，夜间则进入林间的大树上休息。白天活动的时候，有老猴在高处瞭望，遇敌害时会大叫，以提醒猴群注意。它们行走的时候无固定的线路，既会游泳，也会想办法渡河。

垣曲猴个体稍小，颜面瘦削，头顶没有向四周辐射的旋毛，额头略突出，肩毛较短，尾较长，约为体长的一半。四肢均具5趾，有扁平的指甲。头部呈棕色，面部、两耳多为肉色，背部棕灰色或棕黄色，下部橙黄色或橙红色，腹面淡灰黄色，臀胝发达，眉骨高，眼窝深，有两颊囊。

大鲵

大鲵又称东方蝾螈，是世界上现存最大的也是最珍贵的两栖动物，被称为"活化石"。它的叫声很像婴儿哭声，因此人们又叫它"娃娃鱼"，属国家二级保护野生动物。在山西，这种动物仅分布于垣曲历山间，这里被认为是中国野生大鲵自然生存繁殖的最北限。马家河、杨家河、扶家河、李家河、白寺沟等河道是它们最主要的分布区域，其中马家河与杨家河的最上游，是大鲵分布的最上端；白寺沟、狄缘沟的下游则是大鲵分布的最末端，海拔680米。这些河流均为砂卵石、块石等组成的石质型河床，水流湍急。这一带森林植被被完整，有

大鲵喜栖息于水质清澈、深度较浅的石质河床中。

原始森林分布，是生物种类富集之地；这里的年降水量在650毫米左右，是山西降雨量最大的地方，依托大片的林地，这里孕育了许多溪流，水质清澈，气温较低，是大鲵适宜的生境。

大鲵主要栖息于有回流水的洞穴中，且洞穴在水面下，不喜集群生活，多单独分散活动。它们的体形大而扁平，全身为棕褐色，背上有深黑色大斑，腹面颜色较浅。头部扁平而宽阔，躯干粗壮而扁。眼小，口大，四肢短，尾巴后端侧扁。它们生性凶猛，肉食性，以水生昆虫、鱼、蟹、虾、蛙、蛇、鳖、鼠、鸟等为食。捕食方式为"守株待兔"式，一旦发现猎物经过，便突然袭击，把猎物吞下。它们有一项极强的本领——耐饥，即使两三年不进食也不会饿死，但在食物丰富的季节，它们会暴饮暴食，饱餐一顿可增加体重的1/5。每年的7—8月是大鲵的

产卵期，雌鲵产下卵后，由雄鲵来抚育。

黑鹳

黑鹳是一种迁徙鸟，夏天在中国北方繁殖，秋天飞往南方越冬。在本区，它属于夏候鸟，最早迁入时间一般是在每年2月，迁出时间则集中在11月，居留时间不到300天，主要分布在黄河沿岸的湿地中。

黑鹳是一种体态优美，体色鲜明，活动敏捷，性情机警的大型涉禽。黑鹳红色的嘴长而直，基部较粗，往先端逐渐变细，鼻孔较小，呈裂缝状；腿较长，胫以下的部分裸出，呈鲜红色，前趾的基部之间具蹼；眼睛内的虹膜为褐色或黑色，周围裸出的皮肤也呈鲜红色；所披的羽毛除胸腹部为纯白色外，其余都是黑色，在不同角度的光线下，可呈现出绿色、紫色或青铜色金属光辉，尤以头、颈部的更为明显。在飞行的时候，它们的头颈会伸

直；它们胆子较小，活动时悄然无声，不善鸣叫。

黑鹳迁飞时结群活动，平时则单独活动，繁殖季节成对活动。它们多在悬崖峭壁的凹处石沿或浅洞处营巢，通常雌雄亲鸟共同参与。所筑的巢主要由干树枝筑成，内垫有树叶、干草、动物毛等，巢呈盘状。它们是肉食者，食物主要是鱼类，如鲫鱼、条鳅，其次是蛙，也食蝼蛄、蟋蟀、龙虱等昆虫，蛇和甲壳动物也是它们的选择。黑鹳由于数量急剧减少，已被《濒危野生动植物物种国际贸易公约》列为濒危物种。

白冠长尾雉

历史上，白冠长尾雉在中国曾广泛分布，但由于乱捕乱猎和栖息地丧失等原因，这种鸟现今的分布范围已经大幅缩小，现仅见于中国河南、山西、安徽、湖北、湖南、贵州等地，已成为中国特有珍禽雉类，数量不多，属国家二级保护野生动物。在本区中条山间的密林下和比较隐蔽安静的地方，多

上图：黑鹳身披黑白两色羽毛。下图：长长的尾巴是白冠长尾雉最显著的特征。

可见它们的身影，属于留鸟。它们善走能飞，活动于海拔300—2000米的中低山地区，主要是峭壁附近、针叶林和针阔叶混交林中。

白冠长尾雉属于鸡形目雉科长尾雉属，形体优雅，羽色艳丽独特，且雌、雄的体态特征不同。雄鸟体长不及羽尾长，只有60—70厘米；面部较有特色：眼周一圈较窄的区域不披羽，裸露的皮肤呈鲜红色；双眼的侧后下方有一块明显的白斑，整个头部的羽毛呈白—黑—白间隔分布；在颈部的白色区域与胸部衔接的边界上有一条较窄的黑色环带，胸部、肩部、背部金黄色，具粗大的黑色鱼鳞斑，由各羽黑色羽端形成；下体栗褐色，胸部的两肋具粗大的白色斑块；20枚尾羽特长，一般约1.3米。雌鸟体形略小，且不及雄鸟漂亮，其上体大都为黄

褐色，背部黑色显著且有大形白斑，尾短约0.3米，基色接近腰部的灰色，具淡淡窄窄的浅色白斑。

白冠长尾雉听觉、视觉敏锐，性机警而胆怯，常在清晨和黄昏时活动。它们是杂食性动物，以植物性食物为主，包括果实、种子、幼芽、嫩叶、花、块茎、块根等，也吃鳞翅目幼虫或虫卵，这有利于抑制森林虫害、维护生态平衡。

丽斑麻蜥

丽斑麻蜥是中国长江以北最常见的一种小型蜥蜴，为有鳞目蜥蜴科麻蜥属动物，俗称麻蛇子，属两栖类动物。在本区，它主要分布于运城、芮城等地，是中条山区的优势种，一般喜欢生活于温暖、干燥、阳光充足的砂土地环境或草丛附近。它的一个重要特征是尾巴比身体长17毫米左右；吻比眼耳间距稍短；头顶有对称排列的大鳞片。与其他的同类一样，丽斑麻蜥四肢发达，后肢前伸可达胁部。之所以称丽斑麻蜥，是因为它的背部具有眼斑，斑心黄色，周围棕黑色，其腹面色浅，无斑。

作为昼行性动物，丽斑麻蜥喜欢在晴天外出活动，若遇

丽斑麻蜥性格谨慎，捕食时活动范围通常在栖息地周围5米以内，一有危险便逃入洞穴或草丛中。

阴雨天，则待在栖身之所不外出。外出活动的丽斑麻蜥具有高度的警惕性，对周围的动静极为敏感，采用的是时行时止的间歇急行爬行方式，若遇危险即迅速逃入洞穴或草丛中。对于被猎食者而言，行动敏捷、攻击力强的丽斑麻蜥是它们的噩梦。丽斑麻蜥对蝼蛄、黏虫、地老虎、蛴螬、金针虫、拟地甲、叶蝉等农业害虫有很强的捕食能力，从这个角度看，它是有益动物。丽斑麻蜥是冷血动物（体温随着外界温度改变而改变的动物，又叫外温动物、变温动物），每到秋末冬初气温降低，外界食物缺乏时，即进入冬眠状态。中条山区的丽斑麻蜥进入冬眠的时间约为10月底，解除冬眠的时间约在翌年的3月下旬。每年的8、9月是丽斑麻蜥大规模出生的时期，此时在中条山林间，可以看到幼小的丽斑麻蜥四处活动。

王锦蛇

王锦蛇俗名菜花蛇、松花蛇等，又因其身上有一种奇臭味，所以也称"臭王蛇"。它主要生活在温带地区的丘陵和山地，在平原的河边、库区及田野亦可见，生存的海拔范围在300—2200米之间，是中国分布广泛的蛇类之一。中条山区的永济为中国目前已知王锦蛇地理分布的最北限。

王锦蛇是一种典型的无毒蛇，生长速度较快，仅次于蟒蛇，身体呈圆筒形，体大者重5千克以上。它属于游蛇科蛇类，主要特征是：头部、体背、鳞缘为黑色，中央呈黄色，似油菜花；头部有"王"字样的黑斑纹；体前段具有30余条黄色的横斜斑纹，到体后段逐渐消失；腹面为黄色，并伴有黑色斑纹；尾细长，全长可达2.5米以上。

王锦蛇身上有黄色斑纹。

王锦蛇动作敏捷，爬行速度快，能爬上树。由于体大力强，且性情暴烈，它的捕杀能力突出，即使遇到五步蛇等剧毒蛇，也敢猛烈攻击，凭借强悍的绞杀能力绞食对手，是大多数蛇类害怕的对手。王锦蛇会挑食，对鱼不大感兴趣，喜食蜥蜴、鼠类、蛙类、鸟类及鸟蛋等，在食物短缺时，甚至会吞食同类。

隆肛蛙

因雄性个体肛部周围皮肤膨胀呈方形囊状泡隆起而得名的隆肛蛙，体大而扁平，蛙头宽略大于头长，吻圆稍突出下颌缘，背为橄榄绿而略带黄色，腹面鲜黄色，或有深色云斑；皮肤粗糙，除吻部、头顶、腹面及背前端较为光滑外，头侧、背后端以及体侧皆是疣粒或小白刺。相比较而言，雌性隆肛蛙个头较大而肥，雄性略瘦小。在山西，其数量稀少，主要分布于垣曲的沇河、夏县的泗交河，以及阳城的甕河中。这些溪河，水质清澈见底，流水缓慢，且多突起于水流的石块，适宜蛙类的生存。据调查，历山区域是目前所知的该蛙的分布北限。

隆肛蛙属无尾目蛙科蛙属棘蛙群，生存的海拔范围为650—2700米。它们以河流、水沟和积水坑作为栖息地，也活跃于河边的山林中，活动时间比较特殊：白天伏于较大石块下或池边洞中，轻易不外出，傍晚及黎明则是活动的高峰期，它们爬上石块或水坑旁等待掠食，作为警惕性极强的物种，一旦受惊扰，它们就会迅速跳入水中，躲于石块下。它们的食物以蚊、蚂蚁、叩头虫和芜菁等为主。与其他蛙类一样，隆肛蛙也有冬眠期——每年11月到次年3月，冬眠地在河流中较大的石块下；4月初即开始活动并准备产卵繁殖。它所产的卵相互粘在一起呈团块状，黏附于水流缓慢处较大石块下面，至7月即孵化出小蝌蚪。

赤眼鳟

由于眼睛的上缘有一显著红斑而得名的赤眼鳟，俗名"红眼""棍子"，为鲤科赤眼鳟属。赤眼鳟的栖息地一般在江河流速较缓的水域或湖泊，它们一般在湖泊中索饵育肥，而选择大江深水区作为越冬之地。这种鱼类生性胆小，一般生活在少有人打扰的水域。在本区，赤眼鳟主要分布于涑水河及芮城境内的小溪。

赤眼鳟身体呈长筒形，腹圆、后部侧扁。头呈圆锥形，吻钝，口裂突，呈弧形，长有两对细小的须；体色银白、背部略呈深灰，体侧各鳞片基部有一黑斑，形成纵列条纹；鱼鳞较大，侧线平直后延至尾柄中央；尾鳍深叉形、深灰具黑色边缘。

按生活的空间，赤眼鳟属江河中层鱼，生活适应性强，善跳跃，受惊会使鳞片脱落受伤。作为杂食性鱼类，红眼鱼的食物以藻类和水生高等植物为主，也食水生昆虫、小鱼、卵粒等。赤眼鳟性成熟早，二龄鱼即可达性成熟。生殖季节一般在4—9月份，雌鱼一般在河流沿岸有水草的区域产卵，间或在浅沙滩上产卵，其卵呈浅绿色。这种鱼类现已被列为优质的淡水鱼类，有人工饲养。

瓦氏雅罗鱼

瓦氏雅罗鱼为雅罗属动物，俗称华子鱼、滑鱼、白鱼，为淡水鱼。它们并非冷水性鱼类，但喜欢栖息于水流较缓、底质多沙砾、水质清澄的江河口或山涧支流中，在完全静水处较为少见。这种鱼类在山西境内分布不广，多见于汾河、涑水河及芮城境内的小河流，并以后者分布数量较多。

瓦氏雅罗鱼体形类似于草鱼，长而侧扁，眼大，腹圆，唇薄，无角质边缘，无须；背鳍无硬刺，体背部灰褐色，腹部银白色；鳞片中等大片，基部有明显的放射线纹，后缘灰色；各鳍灰白色，胸鳍、腹鳍和臀鳍有时呈浅黄色。性成熟的雄鱼在吻部、上下颌、眼的周围、胸鳍内侧有显著的白色珠星。

喜集群活动的瓦氏雅罗鱼，往往汇集成一个很大的群体。夏季的傍晚，它们会集中浮于水的上层。雅罗鱼有着明显的洄游规律，江河刚开始解冻即成群地向上游上溯进行产卵洄游，然后进入湖岸河边肥育，冬季进入深水处越冬。雅罗鱼为杂食性鱼类，以高等植物的茎叶和碎屑为主，其次是昆虫，偶尔也食小型鱼类。虽然瓦氏雅罗鱼的生长速度不快，但是其肉质肥嫩可口，含脂量较低，捕捞方便，因此被列为一种重要的经济鱼类。

中国地理百科 CHINA GEOGRAPHY ENCYCLOPEDIA 二 经济地理

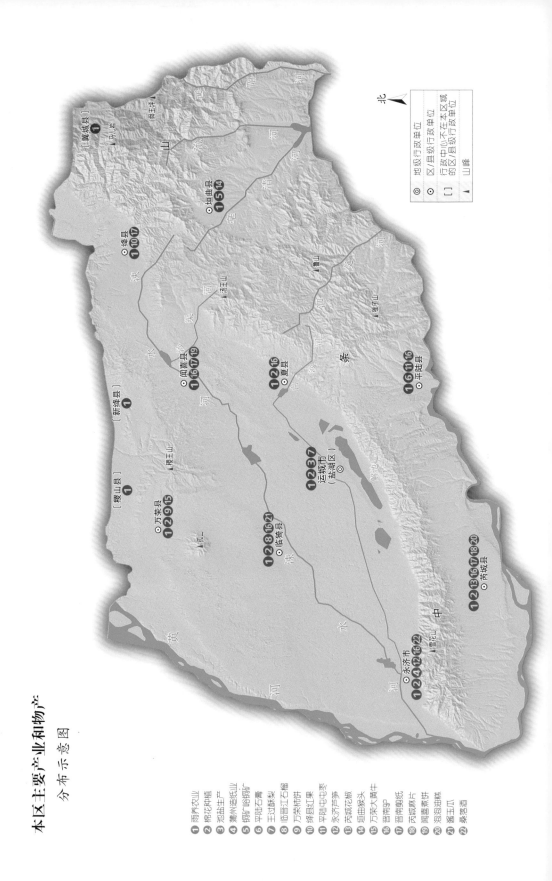

本区主要产业和物产分布示意图
分布示意图

农耕经济发达

本区地处晋南,亦称河东地区,史前到春秋时期,这里因气候温和,降水丰沛,有"水乡泽国"之称。据相关史料研究,全新世中期(距今8000—2800年前),晋南地区年平均温度比现今高2—3℃,降水量也比现在多500—600毫米,是现在降水量的近2倍。当时的河东气候温润,林木茂盛。这里的土地多为绵土类的垆土或黑垆土,这种土质便于开垦和耕种,为农业生产的发展进步提供了很好的基础条件。"嫘祖养蚕""后稷稼穑""舜耕历山"等与农业相关的传说均在此流传。

这里的农业历史悠久。在距今1.6万年前,这里的人们就已成功育植了农作物粟、高粱、黍。随着生产工具的不断改进和生产技术的不断提高,农作物种类不断增多,到了晋国时期,这里种植的粮食作物明显增多,主要有冬小麦、黍子、水稻和豆类等,另外还培育了桃、杏、枣等果树。及至汉武帝时期,这里的牛、马数量明显增多,牛耕和耧车播种也得以普及,这从1959年平陆西汉壁画墓出土的牛耕图和耧耕图中都可以得到验证。考古发现,铁质工具如铲、镢、锄、镰和铁铧等在这个时候也得到广泛普及。清代时,运城所在区域农人已经进入精耕细作的成熟农耕阶段。农作物熟制一般是稼禾两年三熟:夏季收了春麦后,种一茬荞麦,或种冬麦,或歇休。芮城、永济等地,在种麦之外,又利用黄河水植稻,收获颇佳。割稻后立即翻耕,撒种菜籽,入冬可收油菜、芥菜等。人们通常在夏收或秋收后,以木犁深翻田土,以沤烂的残枝败叶作为培田的肥源;又用耱耙打碎土块,熟化土壤,为下年的开播做准备;选择晴天锄地,既利除草,也可松土。此外,在庄稼成长期间,通常要锄禾3—5次;同时,人们改散养猪为圈养,以积肥壅田……由于对农业的投入较多,水肥并进,精耕细作,因此这里的小麦、水稻、玉米、棉花等多种作物亩产量较高,整体的农业发展较发达。这个时候,玉米和番薯正式成为当地的重要作物。

如今,依托比山西其他地方更为温和的气候,以及肥沃

传统收麦工具"掠子"也称"掠儿"、"掠",是晋陕豫黄河金三角地区传统的割麦工具,在本区垣曲可以见到。它由竹编、绳索、刀片和手把组成,形状如同簸箕,簸箕口有两尺多长的锋利刀片。其特点是割麦快,比用镰刀割麦高出五六倍工效。目前,随着机械化收割的普及,使用"掠子"收麦的人越来越少,只有少数农户在机械无法进入的小块麦田使用。

的土壤和充足的光照，这里的农耕经济依旧发达，是山西乃至全国小麦、棉花、蔬菜、瓜类的主要产区。

雨养农业

运城盆地位于黄土高原上，而黄土高原又位于中国东部季风区向西北干旱区的过渡地段，亦为由沿海到内陆、从平原向高原的过渡地段。这里气候干燥，降雨较少且时空分配不均，太阳辐射强烈，蒸发旺盛，再加上太行山、中条山阻挡了海风温润气流的进入，"十年九旱"是当地常见的气候状况。这里虽有黄河、汾河两条大河相傍，但历史上当地的农业生产总因缺乏水利工程而基本上依靠降雨，农民靠天生活，各种传统作物产量低且不稳定。因此，这里可谓典型的雨养农业地区。

顾名思义，雨养农业是无人工灌溉，仅靠自然降水作为水分来源的农业生产，是相对灌溉农业而言的一种农业生产。在降水不多的干旱半干旱地区，雨养农业是发展农业生产的有效途径。在本区，为了最大化实现雨养农业的收益，人们在生产实践中摸索出诸多办法，比如，在作物的选择上，

多选择耐旱作物，如棉花、冬小麦、玉米等；在生产方式上，则采用深松作业、覆膜保湿、充分利用降雨时机播种、灌溉等。通过精耕细作，农业仍有良好收成，是本区发达农耕经济的保证。

尽管雨养农业有其独特的一面，但毕竟关乎生计，因此，在本区，随着现代水利建设的完善，灌溉农业下的"水浇地"已成为当地农业的主角，以确保旱涝保收。

棉花种植

运城盆地的棉花种植历史悠久，山西植棉的历史即开始于此地。明初，也就是公元14世纪，这里就开始植棉，当时称为河东棉。所植棉花并非本地种，而是由长江流域传入的亚洲棉和非洲棉。

运城的地理环境十分利于棉花的种植：这里春秋日照充足，水热条件适中，土地肥沃，有利于棉花生长发育和吐絮，是山西乃至黄河流域的优质棉生产区。其产地集中于永济、临猗、盐湖、万荣、芮城、夏县等地，成片分布，产量较高。史载，明万历年间，官府在这里每年征收棉花10万余斤，棉布近20万匹。如今，这里的棉花

种植是当地的优势产业，总产量占到山西棉总产量的70%以上，是当地农村经济的主要收入来源。

池盐生产

运城在春秋时称"盐邑"，在战国时称"盐氏"，在汉代时改称"司盐城""盐监城"……史称其为"盐务专城""盐运之城"。这些称呼的背后皆与当地存在的盐池相关，中国仅此一处因盐运而设城（运城）。

运城的盐池包括解池、硝池等。历史上的盐池，要比今天所见的规模大得多。它或许是中国开发最早的盐湖。据《河东盐法备览》记载，5000多年前，我们的祖先就在运城盐池发现并食用盐。一些史学家认为，夏、商、周三代文明的经济基础与这里的盐业有很大的关系。在随后的历代王朝中，解池都是盐税大户，如唐大历初年，盐池的盐税一度占到全国整个财政收入的1/8。历代统治者高度重视盐的开采，还设专职官掌管盐务要政，据统计，上至秦汉、下至明清时期共39位帝王亲临河东视察过盐池。

运城盐池能够借助天日

在永济，人们多开垦黄河滩涂地，进行棉花种植。

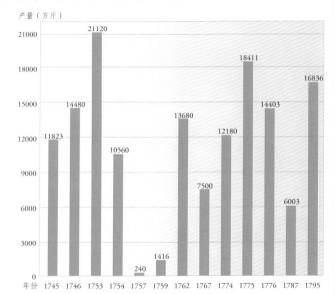

产量（万斤）

年份	产量
1745	11823
1746	14480
1753	21120
1754	10560
1757	240
1759	1416
1762	13680
1767	7500
1774	12180
1775	18411
1776	14403
1787	6003
1795	16836

池盐生产在本区历史悠久，且产量较大。以1745—1795年部分年份运城盐池年产盐量表（上图）为例，大部分年份产量超过千万斤。下图为运城盐池人们铲收潞盐。潞盐生产采用传统的"五步产盐法"：集卤蒸发、过"箩"调配（"箩"指的是老滩水或卤井水蒸发过程中形成的硝板）、储卤、结晶、铲出等五步。

结晶成盐，这样的生产方式具有明显的优势。在生产发展的进程中，产盐者仍不断革新生产方式：从最早的籍南风"一夕成盐"的自然结晶方式，到唐代发明了垦畦浇盐法，通过"集卤蒸发、过箩调配、储卤、结晶、铲出"五步生产方式，使解池的生产水平有了很大提高，所产的盐行销华夏20余州，"西出秦陇，南过樊邓，北极燕代，东逾周宋"，柳宗元称之为"国之大宝"；元、明、清时期，又以"卤井取卤法""潞沱取卤法"维系生产。随着盐商的兴起，盐业有了很大的发展。这里所产之盐，杂质少，颜色洁白，质味醇正，并含有多种钠、钙物质。其产品在不同时期称谓不同，有潞盐、解盐、颗盐等叫法。

植桑养蚕

尽管植桑养蚕在运城地区已是式微的一项传统产业，但是，就历史而言，它在运城地区是值得一提的：根据在夏县西阴村仰韶文化遗址中出土的半个蚕茧标本来看，它经过人工的割裂，且蚕茧产自家蚕而非野蚕。这半个蚕茧及考证结果，是生活在河东一带的先民们人工饲养家蚕的物证，而且

在运城地区，养蚕仍是蚕农们赖以为生的主要产业。

可以说，当时的蒲州造纸业是河东地区科技史上的光辉：这里生产的薄麻纸曾远销西域各国，与丝绸齐名，是唐朝户部专用纸。由于唐代造纸地多在南方，北方唯有蒲州造纸，因此奠定了它在北方造纸业的中心地位，且一直延续到五代。

唐代的蒲州，在西都长安和东都洛阳之间，由于地理位置重要，被列为中都。史载，唐代名纸的产地不到10处，蒲州麻纸则居于其中。这种手工制造的纸品以精美闻名，不但是政府公文用纸、雕版印刷经文用纸，还是一般读书人的书写用纸。由于用量大，这种纸的产量也大，据《册府元龟》载，五代后唐天成元年（926）九月，蒲州曾向朝廷进献"百司纸三万张，诏纸二万张"，其产量由此可见一斑。由于蒲州地近国都，交通运输便捷，因此蒲州麻纸成为当时长安人的主要用纸，这在一定程度上促进了河东造纸业的发展。

这与当地流传的嫘祖养蚕缫丝的故事匹配。这些都说明了植桑养蚕在这里的古老程度，因此，夏县有"中国丝绸业发源地"之誉。

事实上，运城之地属于黄土高原的一部分，土壤层厚，一般呈中性或微碱性，且光、热条件较好，昼夜温差大，适合桑树的生长和蚕的发育。因此，直到今天，植桑养蚕一直是本区的一项传统产业，蚕农每年春秋一般饲养三茬蚕，由于推行了方格蔟养蚕新技术，蚕丝产量得以提高。在相邻的阳城、沁水，植桑、养蚕、缫丝仍是农村重要的副业。

蒲州造纸业

唐代的蒲州即今永济。

安邑铁官

历史上，铁器一直是最重要的生产资料。因此，在很长的一段历史时期，铁器的生产和销售皆由政府主导。管理铁的冶铸事业的机构，即铁官。从《汉书·地理志》来看，汉武帝时期，全国48地置有铁官，当时的河东郡治安邑（在今夏县）是其中之一，与皮氏（河津）、平阳（今临汾）及绛（今翼城）形成当时河东郡的铁官分布格局。

安邑铁官治下的铁器作坊，其所用铁矿石出自中条山。铁器作坊的劳动力，主要由官府征发而来，有工匠、刑徒（主要为有一定技术的刑徒）及少量雇工等。所生产的铁器，根据夏县禹王城汉代铸铁遗址（被认为是安邑的手工业作坊）所出土物，有用于铸铁的陶范，其中有工艺较为先进的铧范、铲范等铁农具范（意味着生产铧、铲等农具），还有铁锤等。

畦归商种

所谓畦归商种，是清顺治六年（1649），河东池盐工商业开始实行的一种新的经营形式：池盐生产由官办改为商办，畦地统一由商人经营垦种；政府取消编籍盐丁，由商人雇佣盐工进行生产；官府则通过"盐引"掌握分配。这样的改革，商民获利增加，生产积极性自然增强，政府的收入也相应增加。

畦归商种有其特定的历史缘由。明中叶以来，盐丁对官办池盐业徭役劳动的反抗加剧，造成盐池产量下跌，这逼迫明朝向商民开放到盐池浇晒捞采的业务。于是，在官办池盐中出现了商民自备工本生产的新经营形式。入清以来，清政府看到这种商民自备工本生产的经营形式能够提高生产力，于是对其进一步改革，发展出"畦归商种"这一新的经营形式。

在畦归商种的经营体系中，产盐畦地的所有权仍归国家所有，商人则按纳锭（指锭银，每锭银50两）数使用，不能转让（后来为避免畦地抛荒，可转让）。据统计，此经营形式出台后，投资池盐生产的商人共有400多户，其中投资较多、占有两号以上畦地的商人有40多户。其作坊规模，"每岁浇晒之时，工作人夫盈千累万"。商人各自指挥自己雇佣的盐工进行生产。这一经营模式也引领了河东盐制的日趋成熟，形成商制、商收、商运、商销的格局，成为清初恢复和发展较快的盐区之一。

晋南商人

历史上的晋南，是商品经济较为发达的区域。从地理环境上考察，这里位于山西、陕西、河南的交会处，地理位置优越；同时，这里盛产食盐、棉花、小麦等，有可靠的资源优势；从历史角度看察，这里是人口聚居之地，土狭人满；农业收入不足以应付繁重的赋税，这也是其商业兴起的原因之一；明代"开中法"（是鼓励商人输运粮食到边塞换取盐引，给予贩盐专利的制度）的实施，则为晋南商人提供了历史机遇。由此，晋南成为晋商群体的最早发源地，也是晋商的重要组成部分。当然，本书所提的晋南商人，主要是指以永济为中心的古代蒲州的商人，时间起自明代。

晋南商人的群体，既有豪商巨贾，也有中小商人。著名的商业家族，包括蒲州的张氏、王氏等；从事的行业包括贩运业、盐业、棉业等。明初，他们集粮商、布商、盐商于一身，活动于纳粟开中的北方边镇、盐场和行盐地区；明中叶后，则由边商转为内商，所经营的行业中又多出了干果业、颜料业、纸业等。他们是当时中国最有影响力的商业力量之

左图：平陆三门境内的古栈道（如图）开凿在黄河岸边的陡崖中，目前仅余大小、高低不一的石孔。右图：平陆张

一，活跃的身影东达扬州、北至北京。他们在各地建立的会馆，标志着商帮的形成。来自本区的商帮，世人称其为"运城帮"，以经营盐业为其标志。

晋商大多崇拜关公，尤以晋南商人为重。财雄势大的晋南商人，一是由于与关公有地域亲情，二是要借关帝君的神威保护商人事业的发展和财产的安全。在关公崇拜下，晋南商人不仅以关公的忠义形象教育约束员工，而且在商业活动中表现出了诚实守信等商业伦理。

河东盐商

河东盐商是晋南商人中特色最为鲜明的商人群体。

盐业获利甚厚，故商人多趋之。在明代以前，朝廷都实行盐铁专营政策，故盐商群体不彰。从明代实施"开中法"后，商人可以参与盐的生产与买卖，有盐池之便的河东盐商就是其中的佼佼者。到清初，根据分工的不同，河东盐商分化成两种，分别为坐商和运商。坐商以所拥有的畦地从事盐的生产，雇工浇晒；运商从事盐的运销。这些商人的存在，使河东池盐的生产与销售盛极一时：据统计，清乾隆年间，河东盐商每年的贸易额逾百万两。

河东盐商的组成，包括当地的望族、富商兼地主及一般的商民等。前者势大财雄，中

者财力不俗，后者则包括了家贫而业盐者。无一例外地，他们的商业生涯从河东盐池起步，足迹遍布全国各大盐场，产生了不少大富大贵者。盐商所获之利，或用于挥霍，或购置土地房屋，或投资他业，不一而足。当然，盐业的发展和河东盐商的崛起也为河东慈善事业的发展奠定了坚实的物质基础。明清时期，在盐商的支持下，运城创办了名目众多的慈善机构，如养济院、同善义园、粥厂、同善局等。但随时势的改变，这盛极一时的群体在民国时期走向没落。

黄河古栈道

本书所说的黄河古栈道，

店侯王村内的虞坂古道关隘和道路（如图）保存较为完好。

是指历史上自西向东分布于平陆、夏县、垣曲三地黄河沿岸的古老栈道，如今它们只剩下零星的遗迹。这些栈道并非为车马出行而建，而是用于纤夫挽船，提高黄河漕运效率，是黄河漕运不可分割的一部分。

据史载，古栈道开凿于西汉，终于清代，历代皆有修建。栈道多依山开凿，外侧临河，内壁为岩，顶部一般呈弧形，高距路面3米左右，为"凹"字形通道。路面宽窄不一，大致在1.2—2.5米之间。栈道的走势依古代的地理环境决定，基本呈水平状；栈道面距河面的高度从2到10米不等。栈道岩石上开凿有方形壁孔、牛鼻形壁孔、底孔、桥槽等，在其

间插以木梁，梁上铺板，即成栈道。现存相对完整的夏县大堆、小堆，以及平陆的溜溜窝、冯家底等段栈道仍可使用。

虞坂古道

东周初年的重大历史事件——"假虞灭虢"，指的是晋国借虞国之道吞灭虢国。晋国所借之道，就是古道虞坂。自古以来它就是运盐的道路，所以也叫"盐坂"，今人俗称其为"虞坂古道"。古道始凿于春秋之前，废弃于20世纪50年代。

虞坂古道位于平陆县境的张店镇境至盐湖区境的东郭镇境之间，南通茅津渡，东北通夏县王峪口。现存路面

宽2—4米、长约8千米，高差近400米。由于南北穿越中条山，古道沿途山势险峻，坡道盘曲，路面坎坷不平。在春秋时期，它是晋国通向中原地区的主要道路之一，但道上有虞国所设的关卡（锁阳关）；后来它又承担不同的角色，包括成为河东盐运的通道，以及军事要道。

历史上，由于盐运对政府的收入有重要影响，故而历朝历代对虞坂盐道都有过维护与整修。距离现代最近一次大规模整修在明正德年间，张士隆任巡盐御史，对虞坂盐道组织了一次较为彻底的整修，使之可通盐车。20世纪50年代后，道路维护缺失，山石土方崩

落，难以通行，路基渐渐被野草灌木湮没。

风陵渡

风陵渡亦称风陵津，与大禹渡、茅津渡并称为黄河三大古渡，而风陵渡自古以来一直是其中最大的一个。其名来源有两种说法：一种说法是相传轩辕黄帝的臣子风后，死后葬于此，陵墓称"风后陵"，渡口即借其陵名而称"风陵渡"；另一种说法是，传说女娲葬于此地，因女娲为风姓，其陵墓就是风陵，故渡口名"风陵渡"。

风陵渡地处芮城风陵渡镇域的西南端，黄河东转的拐角处，是连接山西、陕西、河南三省交通运输的战略要地。历史上，这里一直靠摆船渡河。自唐以降，这里皆设有管理机构：唐代在此置关；明、清时则在此设巡检司与船政司，负责管理防守和运输事宜。如今，风陵渡仍旧是一个交通要道：同蒲铁路南端的终点就在风陵渡；连接芮城风陵渡与陕西潼关的风陵渡黄河大桥一桥飞架南北，连接晋、陕、豫，使黄河天堑变通途。

镇河大铁牛

唐初，蒲州是联系京都长安与河东府地区的枢纽，为"六大雄城"之一。两地的交往，即以蒲津桥为纽带。开元年间，蒲州升级为中都，与东都洛阳、西都长安同为唐代大都会城市，蒲津桥的地位显得更加重要。由于蒲津桥为浮桥，为维护其堤坝，保障交通，唐玄宗效仿古人先例，铸造镇河铁牛。因造牛为唐玄宗的决策，故称为"开元铁牛"，当地人又叫它"镇河铁牛"。

当时所铸造的铁牛共8尊。铸成后，铁牛被安放在浮桥上游不远处，两岸各置4尊（其中的4尊就在永济），夹岸以维浮梁。作为系缆用的地锚，铁牛有效增强了浮桥的强度和稳定性。铁牛的铸造是唐王朝经济实力的见证：在现场筑炉浇铸而成，每尊铁牛重

放置在永济的4尊铁牛。

18—20吨，是至今为止发现的较早期的大型铸铁件。与铁牛同时浇铸的，还有8尊铁人，每尊重5吨左右。

有了大铁牛的存在，蒲津桥的通行更加安全和便利。史载当时的蒲州城，每天有大量舟车停靠，大批货物在蒲津渡装卸……蒲州迎来了它历史上最繁华和富足的时代。

运城关公机场

运城关公机场是山西第二大民用机场，位于运城空港新区，为支线旅游机场，占地2900亩。跑道长3000米、宽60米。机场内设置有10个标准停机位、6座廊桥，现有2座航站楼。它的建成填补了晋、陕、豫黄河金三角地区的空中交通空白。

2005年开通运营的关公机场，年设计客运能力为22万人次。截至2015年，已开通运城至北京、上海、合肥、广州、深圳、南京、成都、杭州、乌鲁木齐、沈阳、昆明、三亚、武汉、海口、郑州、太原、大同、福州、贵阳、厦门、深圳等20条航线，通航城市达到22个，客流量超过100万人。

本区位于山西、陕西、河南的交界地带，自古以来便是交通要塞，境内有风陵渡（上图）、大禹渡（下图）和茅津渡三大渡口（如绘图所示）。这些渡口连通两岸，带动了人员和货物的流通，促进了区内商贸的发展。

铜矿峪铜矿

山西的铜矿主要产于中条山区，而中条山区的铜矿又以铜矿峪铜矿闻名。铜矿峪铜矿产铜矿历史悠久，早在唐、宋时已经进行开采，如今是中国最大的地下开采铜矿山。

铜矿峪铜矿位于垣曲境内，是中国著名的大型铜矿床。矿床在前寒武纪变质褶皱区，含矿地层沿古隆起边缘拗陷分布。矿床类型被认为是最古老的受变质的细脉浸染型铜矿床，即斑岩铜矿。矿石矿物以黄铜矿为主，伴生有黄铁矿、辉铜矿及少量镜铁矿、磁铁矿；脉石矿物为石英、绢云母和绿泥石等。累计探明铜金属267万吨，平均品位0.683%。

陶家窑磷矿

陶家窑磷矿位于永济虞乡境内的陶家窑村。矿石主要分布于中条山西南端，矿体产于早寒武世辛集组底部碎屑岩中，属浅海沉积磷块岩矿床。磷块所在层位为华北地区具有一定工业意义的沉积磷块岩层位，与之相同的还有安徽凤台一带向西经河南固姓、鲁山、临汝、灵宝等地的磷块层及山西芮城、平陆一带的磷块层。

陶家窑磷矿的矿体基本上呈单一层状，矿石以豆鲕状磷块岩为主，品位16.1%，平均厚2.11米，其次为砂状磷块岩，品位7.8%，厚度变化大，还有砾状磷块岩，条带状、饼砾状磷块岩，分布少而不稳。

平陆石膏甲天下

石膏是化学成分为硫酸钙的水合物，用途广泛，建材、医药、农业等领域皆可见其身影。平陆盛产石膏，并以纯度高、凝固快、质体纯白、晶莹如玉的特点，获称"平陆石膏甲天下"。此矿产曾于1916年在美国旧金山举办的巴拿马太平洋万国博览会中国矿产馆展出，并赢得金奖。

平陆石膏主要分布于三门镇境以东、坡底乡境的马庄河以西地区，属沉积型，蕴藏于古近纪平陆群坡底组上部和顶部的泥岩和沉灰岩中。它的硫酸钙含量达91%～97%，质地优良，储量6300余万吨，具有一定的工业价值。

平陆石膏最早开采于清末，当时只是药用，开采量小。民国时期，当地人开始组织开采，并将产品通过货船运抵河南开封、济源，再销往全国各地。如今，石膏仍作为平陆重要的矿产进行开采，并制成天然保健枕、石膏坐垫等销往外地。

王过酥梨

王过酥梨因产于运城盐湖区境的王过村而得名。这种梨子以果实大，色泽金黄，皮薄，肉质

本区矿产资源丰富（图①），其中产量较大的矿产有铜矿峪铜矿（图②为该铜矿矿石）和平陆石膏（图③）。

细嫩洁白，汁多味甜，酥爽可口而闻名三晋，现已成为农产品国家地理标志产品，产地为盐湖区境泓芝驿的王过村、泓芝驿村、累德村、北店村、南店村、孙余村、董杜村、北古村、郭半村和上郭的中陈村等。除此以外，峨嵋台地一带的向阳坡地也有种植。

　　王过酥梨产地的小气候特殊，海拔较高、土壤肥沃、气候温和、光照充足、温差较大、环境无污染，加上特殊的培育方法——以河北鸭梨和雪梨为授粉品种，故能产出此优质梨。用途上，它既是鲜食佳品，又是梨罐头、梨膏加工的上等原料。

王过酥梨和蒲州青柿均为本区重要物产，前者种植于海拔较高、土壤肥沃的王过村（图①为王过村酥梨种植地），具有个大、色泽金黄的特点（图②）；后者产于雨量适中的永济，颜色橘黄，生产规模大（图③）

临晋江石榴

　　江石榴，亦称水晶江石榴，是临晋历史悠久的水果品种。传说其种源自出使西域归来的张骞，初始植于骊宫。临晋之地毗邻国都咸阳，得其种，亦得以遍植。若传说为真，则江石榴在此的栽植已有2000余年之久。其在唐代声名鹊起，明万历年间成为皇室贡品，今又进入农产品地理标志产品之列。

　　临晋地处峨嵋二坡台地，避风向阳，土层沃厚，水质甘甜，极宜石榴生长，当地流传有"坡上苹果坡下枣，半坡地带石榴好"的谚语。其产地范围包括东张、耽子、临晋、嵋阳、北景、猗氏6个乡镇，涉及47个行政村，种植面积超过2万亩，年产量2000万千克。

　　临晋江石榴果实硕大，最大果重达1860克。它的外观鲜红艳丽，籽粒晶莹红亮，味道酸甜可口，营养丰富，富含磷、钾、钙、铁等多种矿物质，具有消食健胃、止咳润燥、理气益脾、明目醒脑等功效。

蒲州青柿

　　柿子是晋南地区的优势果品，因富含葡萄糖、维生素及钙、铁等营养成分，当地人称其为"铁杆庄稼""木本粮食"。这里的柿子已有2000多年的栽培历史，有近200多个品种，永济就有青柿、小柿、盖柿、小绵柿、猪头柿等品种，有"柿乡"之称。蒲州的青柿是其中较为出名者，历来是蒲州人重要的经济来源，清乾隆年间《蒲州府志》即载："柿为蒲人利。"

蒲州青柿主要产于永济的蒲州、韩阳一带的低坡地区及河流两岸。这里无霜期近200天，年降水量超过500毫米，气候相对温和，雨量适中，成为包括青柿在内的柿树的适宜生长之地。这里所生产的青柿，果实于10月中旬前后成熟，色橙黄、个头大、果皮薄、无籽核，所制成的柿饼，则以绵软、香甜、饼霜厚著称，明清时曾为贡品。

万荣柿饼

与永济地貌相似的万荣，亦是晋南柿子的重要产区。这里流传着"七月枣，八月梨，九月柿子串满集"的生产谚语，其中"九月柿子串满集"，说的是农历九月，当地柿子成熟上市。这个时候，也是万荣有名的农产品——柿饼制作与上市的时间。

所谓柿饼，即是用柿子加工而成的饼状食品，属干果类。万荣柿饼有板柿和小柿两种，板柿个头大，小柿个头小。柿饼内均无核，无顶皮，底盘皮小，霜白霜厚，肉色棕黄，其中板柿柿饼还有"赛闻喜煮饼"之美誉。万荣柿饼含糖量达65.2%，含蛋白质达1.5%，有健脾、涩肠、止血作用。柿饼主要产地为汉薛、皇甫、万泉、里望、贾村、裴庄等乡镇，年产量350多万千克。每年除供应国内市场外，还有部分销往日本和东南亚各地。

绛县红果

红果其实是绛县人对山楂的俗称。以山楂作为重要经济作物的绛县有"中国山楂第一县"的美誉。这里地处中条山北麓，属暖温带气候区，雨量较为丰富，河流众多，而且这里的地貌类型多样，既有起伏绵延的山丘，又有纵横交错的沟壑，这样的地貌占整个绛县面积的70%以上，是种植山楂的理想环境。这里的山楂种植超过100万亩，有南樊的郑柴村、古绛的北杨村等18个种植面积上千亩的山楂基地。

绛县的红果种植可追溯到元代，最早的种植地仅集中

于陈村峪、磨里峪、冷口峪等山区。后来经过历年的培育，形成了大金星、敞口、大五棱、大果等优良品种，实现了在全县境内的大规模种植。这些品种中，又以传统的里外红山楂最引人注目。绛县红果以果实大、色泽艳、果肉细绵、酸甜可口著称，这里年产山楂5万千克，占中国山楂总产量的1/8，是绛县名副其实的支柱产业。

运城相枣

运城相枣是与吕梁木枣、稷山板枣、交城骏枣等并称的山西名枣，产于中条山北麓、涑水河中游的冲积土上，因产于盐湖区境北相而得名，泓芝驿、席张等沿涑水河一带亦有种植。

相枣已有2000多年的栽培历史，曾为皇帝所御用，亦称贡枣。经过漫长时间的培育，相枣现已成为中国枣类的精品之一。其果实色泽紫红，为短圆柱形，分单核、双核两种：单核枣大而硬，双核枣小而软。鲜枣含糖量高达30%—40%，晒干后将枣掰开，可以再粘在一起。也正因为如此，相枣可贮存相当长的时间而不变质。

运城地区干鲜果产业发达，并在不同的地貌、气候、土壤条件下，形成了万荣柿饼（上图为人们晾晒柿饼）、绛县红果（下图为果农挑拣红果）等地域性较强、产业规模大的名优特产。

相枣树抗干瘠、耐涝碱、根系发达、萌蘖力强，旱地水地均可栽培，栽后10余年即进入盛果期，且寿命长，当地所存的300年以上的枣树，今仍可结果。现相枣的种植面积已达万亩，成为当地人重要的收入来源之一。

运城相枣（左图）和平陆屯屯枣（右图）均为山西名枣

平陆屯屯枣

因果实短而宽，与农村贮粮囤相似而得名的平陆屯屯枣，亦称圆枣，是山西的名枣之一。这种枣子果实大而短，单果重18克左右，特大果的重量在30克以上。果实大小均匀，浅红色，肉厚核小，可食率达96%以上，含有丰富的蛋白质以及铁、钙、磷等。其肉质疏松，汁液少，适宜制干和加工。

这种枣的枣树栽培历史悠久，已有400多年。其树体较大，一般树高6—8米，树枝排布紧密，树势强健，干树冠扁圆，枝条粗壮，对肥水条件要求不严格，主要分布于平陆、芮城两地，后又移植于运城和

河南灵宝。在平陆，其主要产地分布在黄河沿岸的洪池、常乐一带。其中，洪池的岳村、湖村、刘湛村、南侯村、西张村和常乐的上焦村等地为集中产地，成片种植，年产量约50万千克。人们将其果实加工成干枣、蜜枣、醉酒枣等，以增加附加值。

永济芦笋

芦笋又名石刁柏，嫩茎是含多种营养物质的高档蔬菜，被誉为世界十大名菜之一。虽然有一定的耐旱能力，但对于水分不足却非常敏感的芦苇，在有良好通气性且保肥保水力强的沙壤土上发育旺盛，因此，滩涂地无疑是其极佳的生境。黄河在东转之前，于永济的蒲州、文学、栲栳、韩阳等地留下了宽阔的以沙壤为主的黄河滩涂地。永济位于地球上芦笋的最佳生长带（南、北纬25°—

40°之间）中，地处暖温带大陆性气候区，四季分明，光热资源丰富。两个利好因素的叠加，造就了黄河畔这片中国最大的芦笋生产基地，现种植面积8万亩，采笋面积6万亩，总产3.2万吨。

永济所产的芦笋有青笋、白笋两种：白笋色泽洁白、光洁无斑点；绿笋表色浓，条形光直、口味清爽、质脆。产品被当地芦笋加工企业加工后，远销荷兰、西班牙等欧洲国家。永济芦笋现已属国家地理标志保护产品。

平陆百合

百合是平陆的特色农产品之一，因营养价值高，素有"中条参"的美名，现获得国家农业部地理标志认证和中国名优产品、山西著名商标称号。其认证产地包括平陆的杜马、张店、部官等3个乡镇22个村。

平陆所产百合是利用当地的野生百合驯化而成的地方品种，栽培史长达400余年。其个头大，肉瓣厚，后味不苦，瓣肉无柴，鲜嫩洁白。这样的品质与产地的自然环境有关：平陆背靠中条山，面向黄河，

四季分明，冬季较长，春季较短，夏季水热资源丰富，气候凉爽，温差较大，土壤类型为沙壤土，且水源来自无污染的山间，是百合适宜的生境。在平陆、山坡、丘陵、林荫、沟旁、溪边均可种植百合，生产面积达1000余亩，年产百合超80吨。

永济境内有大片黄河滩地，适宜种植芦笋。其所产芦笋色泽光洁、肉多饱满。

芮城北部中条山一带土壤肥沃、水源充足，成为花椒的重要产地。图为花椒种植地。

芮城花椒

如果要选出本区独具特色的农产品，芮城花椒必是首选。这种被评为中国地理标志产品的农作物，以色艳、粒大、肉厚、味浓为标志，主要产于芮城境北部中条山区一带，以中夭花椒基地为中心，辐射阳城、杜庄、大王、学张等乡镇沿山一带。芮城是中国最大的"大红袍"花椒栽植地，有"中国花椒之乡"的美称。

芮城花椒栽培历史悠久，是在当地自然环境下形成的地道作物。产地土壤为黄沙壤土，土层深厚，且有中条山山泉及黄河水滋养。全年平均气温12.8℃，平均日照时数为2366.2小时，辐射总量平均124.2千卡每平方厘米，无霜期208天。这样的水土条件使芮城成为花椒适宜产地。芮城花椒一般栽后2年成形，3年挂果，5年即可进入结果期。如今，这里的花椒林总数已突破10万亩，产品畅销于东南亚各国及中国香港、澳门、广东、四川、内蒙古等地。

南张三白瓜

以白皮、白瓤、白籽而得名的三白瓜，产于南依孤山、北邻黄河的万荣南张、通化、裴庄、光华等地，又以南张所产品质为佳。它的种植历史悠久，史载明代以来即有栽培，明、清时为朝廷贡品，是享誉晋、陕、豫的名瓜。

南张三白瓜的产地处黄土高原峨嵋台地一带，为黄土覆盖的区域，土层深厚；这里海拔高，日照长，温差大，适于三白瓜的生长与糖分的积累，故而品质较他地为优。这里的三白瓜种植面积已超过1.2万亩，占该产区耕地的20%以上，是当地种植业的重要组成部分。

来自一年生蔓性草本植物所产的三白瓜，不仅具有一般西瓜的清爽、多汁、体大、耐贮等品质，更为独特的是此瓜含18种元素，高硒、低糖、含丰富的氨基酸，所以是市场的宠儿，是夏末秋初市场上重要的水果之一。

三樱椒　本区人嗜辣，且区内气候条件和地理环境适宜辣椒生长，因而多见辣椒地，闻喜乔水沟村内便有大片三樱椒（一种辣味强的小辣椒）种植地。该村位于河底镇境内的中条山前沿，以种植、养殖为主。近年来，为了促进农民增产增收，该村因地制宜发展了三樱椒种植。目前，该村种植三樱椒300多亩，仅此一项便可使全村每年增加收入50余万元。

垣曲猴头个头大，呈扁半球状。

垣曲猴头

猴头为野生菌类，主产于黑龙江和吉林的山区。本区的垣曲也有一小片野生猴头的产地，那就是舜王坪的原始森林，这是华北地区唯一的有少量猴头生长的地方。

野生猴头主要寄生在橡类、栎类阔叶树的树干上。舜王坪海拔1000—2100米的地方，包括云蒙山、舜王坪、马须崖、皇姑墁等地，就分布有这样的植物。它们巨大的树冠遮蔽了天空，形成了猴头躲藏生长的"闺房"。猴头的生长周期一般为2个月左右，其间要求高温、多雨、湿润的条件。7、8月间的舜王坪，无疑是其理想生境，7月24—28℃的温度促成了树干上菌丝体的发育，8月稍凉的天气则令菌丝快速生长并成熟。这里所产的猴头，子实体中等、较大或大型，呈扁半球形或头状。作为珍贵的药材和食材，猴头曾是宫廷的贡品，如今则成为大众餐桌上的山珍。

万荣大黄牛

万荣大黄牛又称晋南大黄牛，是中国五大地方良种黄牛之一。它的特点明显：体高、身长、骨架大；狮头，虎脑，四肢粗，肉质细嫩且产量高，净肉率平均为43.4%，居中国五大地方良种牛之首，是优良的役、肉兼用的良种牲畜。

晋南黄牛最适宜的生长气温是23—24℃，空气湿度在65%—75%之间。万荣处于中条山和峨嵋台地之间，易形成风带，一年无霜期超过270天，属典型的暖湿带半湿润气候区，再加上有些地方地下水的矿物质含量较高，且有较多的草地，这些都为晋南大黄牛提供了最佳的生长育肥环境。因此，万荣是晋南黄牛的适宜产地，现已成为中国的优种黄牛生产基地。

万荣大黄牛体形较大。

晋南驴

晋南驴是中国著名驴种之一，素以体格高大、体形优美、动作机敏等著称。这种头部清秀，眼大有神的驴种，毛色以黑色为主，少数为灰色、栗色。夏县、闻喜是晋南驴的中心产区，

大部分晋南驴毛色乌黑，仅头部、腹部和腿部为白色。

平陆、芮城、永济、临猗等地临汾盆地南部各县亦有分布。

晋南驴所放养的区域，有平川、丘陵和山区，海拔400—150米，涑水河纵贯境内，气候温和，年平均气温12—14℃，年降水量500毫米左右，无霜期180—210天。这里普遍栽培紫花苜蓿，又有丰富的小麦、玉米、谷子等农产品，饲料丰富，是形成晋南驴的物质基础。

晋南驴是关东驴在当地培育而成的。历史上，运城盆地农牧业较为发达，又有盐池和许多大小煤矿，粮棉、池盐和煤矿的运输以及农业耕作都需用驴帮助驮运，这种客观的经济需要，促使农民对其精心喂养及选种选配。经过长期的培育，驴的体格和结构不断提高和改善，形成了结构匀称、性情温驯的大型驴种。

晋南木版年画

作为一种批量生产的商品式的民间美术，木版年画是利用雕版印刷技术作坊式批量生产出来的。晋南木版年画是中国木版年画的始祖，发源于河东南路平阳府（今临汾、运城一带），萌芽于宋、金时期，盛于明、清时期。

晋南木版年画受到黄河文化、晋南民俗风情以及戏曲艺术的影响，形成了自己独特的风格。除了包含一般年画所具有的红火吉利的内容外，这里的年画还有黄河文化的粗犷豪放、地方戏曲的精练刚健以及历史壁画的流畅、舒雅风格，简而言之，构图简洁，颜色热烈，线条流畅，刀法古朴，与当地风情相一致，区别于天津杨柳青年画的纤细、苏州桃花坞年画的浓艳。

晋南木版年画有其产生的物质及历史基础。晋南地区土地肥沃，物产丰富，晋城陵川的平川村所产的棉和运城稷山所产的竹均是造纸的最佳原料，平阳府纸、稷山竹纸、蒲州细薄麻纸等品种都是极好的雕印材料；由绛州、上党的胶料配制而成的贡墨，也是印刷品的必需之物。此外，当地雕版印刷业的雕刻技术在宋、金时代就趋于成熟，一批批的木版年画高手创造了清代晋南木版年画的高峰。清道光、咸丰年间至20世纪初，晋南木版年画的制作和销售遍及城乡，作坊、画铺随处可见，每年印销年画百万份左右。

晋南剪纸

作为本区著名的民间手工艺品，晋南剪纸亦是山西剪纸的重要组成部分。从风格上说，晋南剪纸属于单色剪纸，其剪纸刀笔遒劲，酣畅淋漓，且具有粗中见细、拙中藏巧的特点。

晋南地区剪纸分剪和刻两种，纸张以大红单色居多，阳刻为主，内容多以戏曲人物、花鸟虫鱼、吉祥图案为主，风格多样。绛县里册峪的剪纸是一种刀刻的形式，代表作品"三国人物"尤为活泼、洒脱。绛县大交的北册村刻纸的内容多为戏剧故事，造型若皮影，如《三英战吕布》《穆桂英挂帅》等刻纸中的骑马人物；芮城陌南一带的剪纸多以道教人物故事为题材，人物服装呈现为较规则的竖线，宗教感较强；闻喜剪纸以传统主题纹样闻名，《鹿头花》《扣碗》《老鼠嫁女》《麒麟送子》《龙凤配》等作品，是对中国远古物候文化的形象记录，造型古朴，构图严谨，线条浑厚。

传统上，这些剪纸作品只在每年的春节前售卖，一般由刻纸艺人沿街叫卖。如今，这些手工作品则被集中起来，由商人售卖到各地，产业化生产有待实现。

经刻板（图①）、印刷（图②）、上色（图③）等工序方能制成的晋南木版年画造型生动、色彩艳丽。

芮城麻片

芮城麻片是有300多年历史的传统食品，素以酥、脆、甜、香而著称于晋地内外，1979年芮城麻片跻身山西八大名食行列，为芮城的名牌产品之一。这与它的制作有关：选料严格，以芝麻仁、小米汤、熟面粉、大豆油、柠檬酸、白砂糖等10余种原料和质软甘甜的芮城井水精制而成。成品外形为长方片状，匀薄如纸，晶莹透光，嵌满芝麻，酥脆甜香，入口即化。

芮城麻片很早就成为当地产业经济的一部分。当地流行"中条山，黄河岸，甜食上品数麻片"的说法，逢年过节、婚庆嫁娶不可少，加上交通便利，西跨黄河为陕西境，南则为河南境，北上则可至京城等，这使它有了市场化的基础。芮城麻片能够保存较久而不变质，可随晋商通达各地。清末兴盛时，这里的很多村庄都开设了麻片作坊。

闻喜煮饼

闻喜煮饼可以说是闻喜当地的招牌食品。它的名称中虽

闻喜煮饼外皮沾芝麻，馅心由数种食材制成。

有"煮"字，但其实是一种油炸的点心，这是因晋南民间把"炸"叫"煮"之故，相传其名由康熙皇帝所赐。闻喜煮饼有着山西"饼点之王"的美誉，在明末就已有名气，后随着晋南商人流传南北，在清嘉庆年间至抗日战争前的300年间，不仅畅销于北京、西安、济南、开封、太原等内陆城市，而且闻名于上海、广州、天津等沿海城市。

制作闻喜煮饼的主要原料为面粉、蜂蜜、小磨香油、糖稀及上等红白糖等。成品形似圆月，外皮粘满白芝麻，馅心有绿豆、红豆、黑芝麻等。食之甜而不腻，食后回味，有一种松柏的余香。由于味道极好，它流传至今，算是有年头的传统美食。

闻喜煮饼的味道之美，得益于闻喜的自然造化。闻喜兼具山地、岗地、河谷等地貌，光、热充足，雨量适中，花类齐全，由此用于制作煮饼的蜂

蜜质量绝佳；当地盛产芝麻，用其所榨的油来制作煮饼，自然色艳味香；这里是小麦、玉米等多种作物的产地，白面来源充足，含糖原料多，为煮饼的良好口感奠定了基础；最重要的是流经这里的涑水河及地下水都有适量的碱质，有良好的膨松效果，使饼松沙而不松散，从而具备了独特的口感。

泡泡油糕

与闻喜煮饼一样，泡泡油糕亦是炸制而成的面食，在本区流行于芮城、侯马等地，是一种独特的风味食品，当地人称之为"泡泡糕"——油炸后，油糕表面会鼓起许多泡泡，故得此名。当地人流行的说法是，泡泡油糕是唐代宫廷御膳房的食品，后传至晋南民间，并成为当地知名的食品。

泡泡油糕用料简单，以白面、猪油、糖、陈皮、香料等为原料，但制作工艺较为复杂，工序包括烫面、制馅、油炸等。炸透了的油糕出油锅后，形如含苞待放的牡丹，泡似银絮，白中微黄，口感丰富，香、甜、酥、脆俱备。

万荣花股麻

花股麻是晋南众多面食中的一种，流传于万荣、临猗等地，又以万荣的制作工艺最为讲究。它用发酵和未发酵两种面搓成，加配特色水果朱柿（柿子的一种），外表一股浅黄色、一股橘红色，有别于普通的浑股麻花，因鲜亮华丽、酥脆耐嚼、油而不腻、余香浓郁等特点而成为运城的名小吃之一。

盛产小麦和朱柿的万荣，得益于原料的便利，成为花股麻生产的重地。有民间顺口溜描述其制作的盛大场面："出城五里上北坡，年前户户支油锅，男人压面妇人搓，花股麻花香得多。"在过去，麻花是乡村的年节食品，能一直存放到农历二月初二，按风俗过年时每人都要吃一点，所谓"咬蝎尾巴"。在红白喜事上，当地人也常用花股麻敬献祖先神灵。故在很长一段时间里，它都是应节、应俗的食品。如今，这种面食已经商品化，并销往周围各县市。

酱玉瓜

山西有悠久的制酱历史，名品众多，如太原的府酱（又称腐酱）、曲沃的面酱、襄垣的黑酱等均享有盛名。以这些酱为原料制成的各种酱菜应运而生，已有近百年历史的临猗酱玉瓜就是其中之一。

临猗酱玉瓜属山西腌菜中的酱菜（与酵菜有别），而且是上等的腌菜。制作酱玉瓜时，将当地所产的玉瓜（又称王瓜）翻洗、加盐腌渍后，加入面酱等调料，反复翻晒，一般要用半年时间才能出成品。上佳的酱玉瓜，外呈褐色，色泽光亮，香味浓郁。这种酱瓜便于贮运，且久存不变质。它不但是当地市场欢迎的产品，还远销至日本和东南亚，是临猗重要的商品之一。

菖蒲酒

菖蒲酒是垣曲的特产，因酒中含有产于历山的九节菖蒲成分而得名。这种酒远在汉代就已名噪酒坛，为历代帝王将相所喜用，并被列为历代御膳香醪。

菖蒲酒是一种配制酒，以山西当地所产的高粱和历山脚下舜王泉水为原料，以经传统地缸酿造而成的65°优质大曲酒为基酒，配以九节菖蒲等中草药制作而成。它的颜色橙黄、微翠绿，气味芳香。菖蒲酒之所以珍贵，主要在于它采用了当地特产九节菖蒲这种名贵中药材。九节菖蒲生长在海拔1994米的历山之巅，采集时间仅限于"小满"节气前后10天左右，材料难得。

桑落酒

桑落酒因酿酒多在秋末冬初桑树落叶的时节进行而得名，是中国传统名酒之一，产于永济。其创于北魏末年，距今已有1500年历史。据《水经注》记载，此酒的首创者为南北朝时的刘堕。

桑落酒属传统清香型大曲酒，无色透明，酒体醇厚，为中国的上乘白酒之一，曾是宋代宫廷御酒。这种酒的生产方法一度失传，在20世纪20年代，人们根据《齐民要术》所记载的办法，在传统酿制法的基础上，结合现代酿酒工艺，生产出今天所见的桑落酒。现所产的桑洛酒有38°、48°、54°、57°几种规格。

桑落酒以高粱和水为原料，以大麦、豌豆、绿豆制成的青茬大曲为糖化发酵剂，经蒸馏而成。值得一提的是，酿酒所用的水为桑落泉，甘洌，硬度较低，适宜酿酒，是桑落酒优良品质的重要保证。

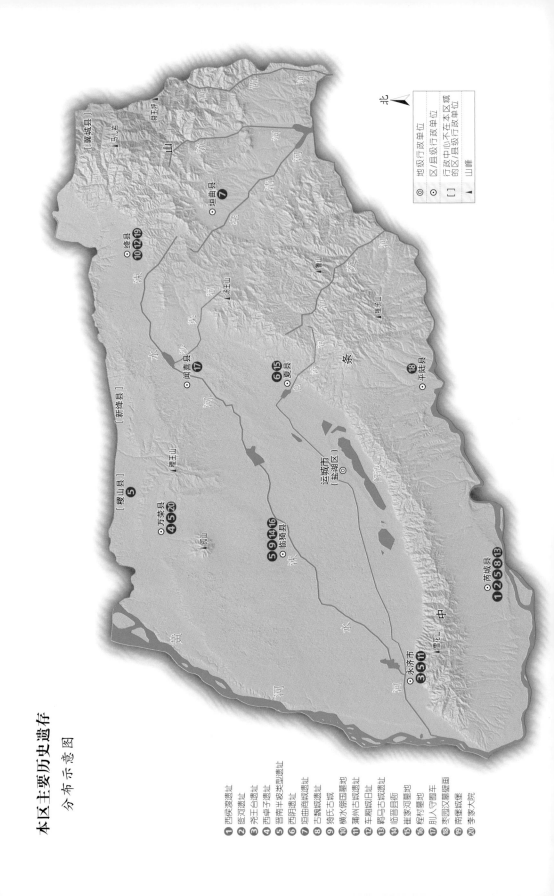

本区主要历史遗存

分布示意图

① 西侯度遗址
② 匼河遗址
③ 尧王台遗址
④ 西阳子遗址
⑤ 晋南半坡类型遗址
⑥ 西阴遗址
⑦ 垣曲商城遗址
⑧ 垣田商城遗址
⑨ 魏氏古城
⑩ 横水倗国墓地
⑪ 蒲州古城遗址
⑫ 车厢城旧址
⑬ 碧马古城遗址
⑭ 临晋县衙
⑮ 崔家河墓地
⑯ 稷村墓地
⑰ 即人守宫车
⑱ 裴园汉墓壁画
⑲ 南堡城堡
⑳ 李家大院

北

地级行政单位
区/县级行政单位
行政中心不在本区域
的区/县级行政单位
山峰

夏人

尽管夏人的起源至今仍未有一个统一的说法（有羌族说、北狄说、东夷说、中原说等），且有关夏人的记载史料缺乏，但根据考古发现，人们普遍认为夏人的活动区域是黄河流域中下游，更具体地说，一般认为有两个：一个是豫西伊洛河下游地区；另一个是晋南汾河下游、涑水河流域，即临汾盆地及运城盆地两地。

根据研究，夏禹时，曾建都安邑（今夏县）、晋阳（今永济虞乡附近）等地，当时这些地方皆属冀州，故有"冀州之城，乃大夏之虚"（古代帝王之都的遗址称"虚"）的说法。这些地方亦成为夏人活动的中心。彼时的夏人，统治者为姒姓，国家正处于中国历史上的"方国"时期。从后来的东下冯等30多处相类似的遗址看，他们建起了许多聚落，居住在窑洞、地穴和在地面建筑的房子里。这一时期，农业较先前的新石器时代有了明显的进步，人们以石镰、石刀作为收割作物的工具；以夹砂灰陶、泥质灰陶等作为盛具，还开始使用青铜器具；与他们打交道的邻居，可能包括了居于今陕西、河南黄河沿岸的冯夷部族；死后，他们又以仰身直肢或俯身直肢的方式下葬……与夏人生活于同一时期的，主要有黄河下游的岳石文化、黄河上游的齐家文化，以及长江中游荆楚先民的石家河文化和长江下游吴、越先民的晚期良渚文化等的创造者。

假虞灭虢

假虞灭虢是发生在东周初年的一件重要历史事件，亦即后世人们耳熟能详的成语"唇亡齿寒"的来由。虞国和虢国都是西周分封的诸侯国，同为姬姓。虞国封地在今山西平陆北部；虢国的封地原在今陕西宝鸡附近，后随周平王东迁，定国于今河南三门峡，地跨黄河两岸，史称南虢；晋国则在虢、虞国之北，今临汾盆地一带。

东周时，晋武公、晋献公开始向外扩张，特别是晋献公，急欲成就霸业，用兵频频，在兼并控制了临近数十个小国后，终于将目标对准了南面的虞国和虢国。在地理位置上，毗邻晋国的虞国比较弱小，但因有中条山天险，地势险要，亦是晋国通往虢国的必经之路（虞坂古道）。当时的形势是，若晋国先发兵攻打虞国，同属姬姓的虢国必派兵支援虞国。为避免与虞、虢两国同时交战的局势，晋献公采纳了大臣荀息的假途之计，以白玉璧、千里马贿赂虞公，请借虞国之道，出兵伐虢。虞国大臣宫之奇劝阻："虢，虞之唇也，唇亡齿寒，晋今日取虢，而虞明日从而亡也。"但虞公贪财，不听劝谏，借出国道，虢国遂灭。晋师回朝时，经过虞国，利用兵力优势将之吞并。

魏文侯建都安邑

魏斯，魏国百年霸业的开创者。公元前445年，他继承了魏桓子留下的三家分晋后所建立的魏政权。公元前403年，魏斯被周威烈王册封为魏文侯，魏政权成为封建国家，称魏国。也就在是这个时候，安邑（今运城夏县西北部）正式成为其国都。

事实上，在成为国都前，安邑此前已被经营良久。公元前562年，魏斯的前辈魏绛就以安邑为治。经过多年发展，至魏文侯时，它已成为战国初期为数不多的大城市。公元前364年（一说为公元前361年），魏文侯的继任者魏惠王将国都迁往大梁（今河南开封），安邑才结束作为一国国都的历史。安邑的行政中心，

安邑古城遗址。

可能集中于今所称的禹王城遗址一带。

当时魏国的核心地区是运城盆地，北部是吕梁山区，南部是中条山区，东部是王屋山区，黄河的大拐角包住了魏国的西部和南部，夹于秦、齐、楚等大国之间，又受赵、韩挤压。为了发展，魏文侯启用了乐羊、吴起、西门豹、李悝等杰出人才，使魏国成为战国时首先实行变法的国家。他让李悝制定国家法律，改革政治，奖励耕战，兴修水利，以盐业生产、特产贸易等发展封建经济，建立精锐的常备军武卒，遂北灭中山国（今河北西部平山、灵寿一带），西取秦西河（今黄河与洛水间）之地，成为战国初期的强国之一。

玉壁大战

南北朝时期，一度统一北方的北魏，于534年分裂为东魏和西魏。为争夺河东战略高地峨嵋山，继承了北魏大部分兵力和国土的东魏于542年和546年两度向属于西魏的军事重镇玉壁城发动大规模的进攻，史称"玉壁之战"。

首次玉壁之战，交战双方的统帅分别是东魏丞相高欢和西魏的东道行台王思政。高欢兵临城下，软硬兼施，但连续攻打9日不下，又逢大雪，士卒饥冻交加，死伤惨重，只好撤军。次战，东魏还是高欢领军，他的对手则换成了西魏晋州刺史韦孝宽。双方所属兵力分别从空中（建高楼）、地面、地道进行攻战和防守，并使用水、火、布幔、战车、藤甲、箭弩等武器，同时采取军事进攻、政治瓦解等战术。最终，处于守势的西魏，成功瓦解了东魏挖汾河改道断绝水源、建高楼从空中打击、挖地道攻城、以火攻城等战术，大获全胜，不但保全了玉壁城，还重创了东魏军：死7万多人，高欢亦"智力俱困，因而发疾"。

此战发生之地，经考古学家确认，位于今稷山太阳乡境白家庄村一带，玉壁城址依稀可辨。这里属于峨嵋台地。过去，这里的战略地位重要，其

东南可以控制涑水河谷南、北孔道，西北可以控制汾河河谷东、西孔道，具有西南拱卫关中、东北屏翰晋阳（今太原西南）的地理优势。同时，此地地处暖温带，气候温和，土壤肥沃，自古以盛产粮棉著称。一言以蔽之，谁占有了峨嵋台地，谁就能取得战略主动权——这对于想要控制河东的东魏而言，更是如此，这就是东魏不惜倾国之力攻打玉壁城要塞的原因所在。

在玉壁之战后，东魏无力再对西魏发起大规模的战略进攻，而西魏则在短短几年后迅速成为中国北方最强大的国家，这为日后中国的重新统一，以及隋、唐盛世的开创埋下了伏笔。

运学创办

元大德三年（1299），盐运使奥屯茂创建运城盐务专学，名为"运学"。这是运城城市所在地最早的学府，甚至早于建城42年。学府的地址在运城的东南方，盐池禁墙的北面。作为盐务专学，运学并不以培养盐务专业人才为目的，它只是一所由运城盐务官吏创建，以接纳盐商、盐丁子弟入学就读的普通学府。它是

当时中国产盐区的创举——元代共有盐运司5处，唯有在运城建立了盐务专学。从更长远的时间看，它堪称后世运城文化教育事业之基。

运学的创办，是运城的前身——路村（也叫潞村、圣惠镇）以盐业为主体的经济发展到一定程度而出现的。在元大德年间盐运使奥屯茂主持河东盐政时，路村成为盐务衙门驻地已有约70年。虽然路村当时只是一个小镇，但其规划建设已经有了一些规模，商业经济有了一定的发展，而且这里集中了许多从事池盐生产及运销的商人，他们的子弟需要一个就近读书的地方。于是，由盐运使司来创建盐务专学已具备了条件。运学建成后，规模较大，史载其为"他郡庙宇之冠"，在附近州县地方学宫里读书的盐业商民子弟自此拥有了自己的学宫。运学运营的经费，由盐务衙门承担。

自运学创办起至明清时代，运城的盐务衙门又先后创办了3所书院、5所社学，这些书院和社学皆属运学之列。由于经费有盐商的资助，学校得以维持，教学也有成果，培养了一批人才，在明代的200余年间和清代的100余年间，

运学分别考取了进士24人、33人。

运城始筑

运城所在之地一直闻名于世，春秋时称"盐邑"，战国时为"盐氏"，汉代时名"司盐城""盐监城"……不管其名称中有"城"还是无"城"，今天运城城市的雏形是在元末才出现的：那海德俊任盐运使时，开始筑城，始建的时间在元至正十六年（1356）八月。参与城市的建造者，除庶民输财赴役者外，另有兵丁2500人参加，历时5个月，于当年十二月竣工。此时所建的城池规模小，城垣周长约5667米，高约7米；墙以土筑成，建有5门，正南面2门，为盐车通行，西北面3门，便于士庶商贾通行。门的内外左、右筑有军庐、稽查所，城四角各筑烽火屋。完工后，这座新修起的土城被称为"凤凰城"。

事实上，凤凰城并非空地而起，而是在时称"圣惠镇"的路村的基础上建立起来的。当时，这里已建有池神庙、学宫、三皇庙、谯楼、馆驿、钟楼、鼓楼、府库等设施，人口达4000余户，是个繁华之地。建城的直接原因，是由于当时这

里治安混乱，抢夺、盗窃、私贩等不法行为时有发生，商民的财产安全受到威胁。建起城垣后，四周皆得以围蔽，在一定程度上杜绝了违法行为的发生，保护了相关设施。

筑城的更深层原因有两个。一个是出于对盐池的生产管理需要。盐池位于解州和安邑之间，而运城城池位于盐池中部背面的高岗上，位置相对居中，因此无论对于盐池的管理还是防盗，都有便利。另一个重要原因是元朝出于控制盐池、搜刮盐课的需要。由于盐务繁杂，解州城小且地偏，所以需要另建一座更大的城池来支撑盐池生产运销的发展，于是便有了凤凰城的兴建。凤凰城之名存在的时间很短，从筑城的1356年算起，到1368年元朝灭亡，实际只有12年的时间。有明一代，这里改名为"运司城"，俗称"运城"。

中条山战役

蒋介石所称的"抗战史上最大之耻辱"，指的就是中条山战役。尽管中国守军有两倍于日军的优势兵力，但此役的结局还是"中条山游击根据地为日军攻占，部队损失在半数以上"，成为武汉失守

以来国民党正面战场最大的一次惨败。

中条山战役又称晋南会战（日方称"中原会战"），是抗日战争进入相持阶段后，国民党正面战场进行的较大战役中的一个，也是在华北地区进行的最后一次较大的战役。中条山与太行、吕梁、太岳三山互为犄角，战略地位十分重要。抗日战争全面爆发后，日军侵占山西后，为了固华北、抑洛阳、窥西安，自1938年以来曾13次围攻中条山，但均被国、共两军击退。因此，中条山一度被日军视作侵华的"盲肠"。1941年3月底，日军华北方面军再次策划向中条山发动攻势，试图一举消灭国民党军队在华北的主力。

同年5月7日，准备充分的日军进行大规模的兵力集结，以华北方面军司令官多田骏中将为指挥官，投入6个师团、2个独立旅团及1个航空集团的兵力，外加部分伪军，总兵力12万余人，分四路向中条山地区发起攻击：一路由豫北博爱攻济源、孟州；一路由晋东南阳城攻董封；一路由晋南绛县、横岭关攻垣曲；一路由晋南闻喜、夏县攻张店。国民党军队方面，战役部署者是参谋总长

何应钦，守军则有2个集团军、8个军、19个师和4个游击纵队，共20余万人，周围还驻着大批的军队，如太南的范汉杰的第二十七军、庞炳勋的第四十军、孙殿英的新编第五军、晋南的第二战区部队、陕西的第八战区部队以及守豫西黄河河防的李家钰第三十六集团军等。前后历时1个多月的战斗，以国民党伤亡惨重，中条山的主要山隘重地和山南沿河渡口均为日军占领而告终。

虞国

虞国是西周初年（公元前1045年或公元前1046年）所封的71个诸侯国之一。为区别春秋时南方的虞国，它又称北虞、中国之虞。北虞属于姬姓诸侯，是周文王后裔虞仲的封地，位于今山西平陆、夏县一带。与其相邻的，是周文王弟虢叔的虢国，其封地即今平陆南部的黄河两岸。

虞国的都城位于今平陆张店古城村。这里是中条山最低平且最开阔之处。根据考古发现，此城有三面城墙，

虞国位置示意图

东边因为濒临山谷，形成天然屏障。整座城池东西长、南北短。城池又分为内、外两城，虞国国君居住在内城。虞国国境地处扼守山西通往中原的主要通道上，地理位置显要，特别是虞坂和南边的颠軨坂所组成的通道，是构成河东与中原间最近、最便捷的交通、战略要道，为河东盐运往中原的必经之路。其中，虞坂古道是虞国灭亡之道：公元前655年，晋国主导的假虞灭虢事件，便是经此通道完成的。灭虢之后，晋师返回途中，顺势灭掉了虞国。

"天下第一县"

按一般的说法，中国的郡县制度形成于春秋战国时期，是分封制度后出现的两级地方行政制度。其中的"县"

制最早出现于晋国，即有"天下第一县"之称的绛县，设置于公元前541年。

"绛"之名，来源于晋献公八年（前669）：晋献公派大夫建都城聚（聚，今绛县古绛的南城村的车厢城），杀光群公子，始将此地命名为"绛"（因境内有绛山），并定晋都于此。据《左传》载，公元前544年，晋平公的母亲悼夫人到杞国发放食物时，遇到一位来自绛地、自称经历了445个甲子的老者，自此便用"绛老"一词来称呼年过古稀、长寿高龄者。后来，晋平公认为"绛"地出长寿老人，难能可贵，于是便用周天子畿内的名称"县"称之，取名"绛县"，并任命老人担任绛县的"县师"（今绛县博物馆内存有"绛县师"画像碑）。如今，这里留有车厢城、晋文公墓、晋献公墓、晋灵公墓等历史遗迹，还有太阴寺和国宝释迦牟尼独木雕像等人文之光。

闻喜

与河南获嘉的得名由来一样，闻喜的得名亦与当时西汉讨伐南越国有关。传说汉元鼎六年（前111），武帝巡幸河南，途经桐乡之时收到官军平定南越的喜讯，于是便将"桐乡"改名为"闻喜县"，属河东郡，治在今闻喜县境西南。东汉延平元年（106），左邑县并入闻喜县，再无分开。当时闻喜的境域比现在大，包括今稷山的一半（汾南地区）和夏县、绛县的一部分。一般分析认为，左邑县并入闻喜县后，闻喜县城便迁到左邑城，即今县城之地。后历代闻喜县城虽有变迁，但"闻喜"之名一直沿用至今。

闻喜之地，历史悠久。在设县制之前的东周、西周以及春秋时期，这里属晋国曲沃，战国时属三家分晋中的魏国。置县后的数千年，当地人才辈出，见之史册的有地理学家裴秀、文学家郭璞、历史家裴松之、法学家裴政以及唐代名相裴度、南宋名相赵鼎、戊戌六君子之一杨深秀等。历经千载的名门望族裴氏的发祥地裴柏村有"中华宰相村"之称。

永济

以永济为名的行政建制，历史有限，1728年始置。其境内的历史，却源远流长。这片地处黄河弯曲处的土地，南依中条山，西靠黄河滩，北边是台塬沟壑区，是河东通往关中的要冲，传为舜都，为中华民族的发祥地之一。它的历史沿革多变：战国时地属魏国，称蒲邑；秦时称蒲坂县，西汉改为浦反县，东汉复改蒲坂县；北周明帝二年（558）于此置蒲州，隋改蒲坂为河东县，仍为蒲州治；唐升蒲州为河中府；明初复为蒲州，仍为州治；清雍正时升蒲州为府，才在此置永济县（今永济市），"永济"之名沿用至今。历史上，这里扼蒲津关口，当秦晋要道，是古河东地区的政治、经济、文化和军事中心。境内古蒲州城古为畿辅重镇，曾建中都，是唐代六大雄城之一。

久远的历史，也让永济地域积累了深厚的文化。现存文化遗址、宝寺名刹、名人故里、山川名胜多达140余处。《西厢记》里崔莺莺和张生缘定三生的故事便发生在永济的普救寺；永济黄河岸边的古蒲津渡遗址出土有4尊唐开元年间铸造的大铁牛；王之涣《登鹳雀楼》中的鹳雀楼便位于永济境内黄河岸边……此外，这里人文之光闪耀：传说中的舜帝、柳宗元、王维、聂夷中、杨贵妃、司空图、马远、杨博等，或出自永济，或游于永济；蒲剧兴于此地，又是永济道情的流行之所⋯⋯

河东郡

河东，依时间之变而有地域大小之分：秦汉时指河东郡地，包括今天山西运城、临汾一带；唐代以后则泛指山西。因黄河流经山西西南境，则山西在黄河以东，故这块地方古称河东。"河东郡"是河东之名的肇始。作为行政区划，"河东郡"是秦始皇始设的三十六郡之一，历经两汉、隋、唐，在唐乾元元年（758）被废后，所在地不再存河东郡之建制。后世以"河东地""河东"等称呼其曾经所辖之地，"河东狮吼"的典故亦源于这里。

河东郡建制几经变迁，且所指范围游移不定：开始时郡治在安邑（即今山西夏县西北禹王城）；西汉时为"三河"之一，领安邑、大阳、猗氏、解、蒲反、汾阴、闻喜、临汾、骐等二十四县，后王莽改河东为兆阳；三国魏时，则分出平阳、杨、濩泽、临汾、北屈、皮氏诸县置平阳郡；西晋太康中，河东郡领安邑、闻喜、垣、汾阳、大阳、猗氏、解、蒲坂、河北九县；东晋义熙十四年（418）移治蒲坂县（今永济的蒲州），辖境缩小，仅领今山西西南汾河下游至王屋山以西一角；北魏移治蒲坂县；隋大业三年（607）复置河东郡，治所在河东县（今永济的蒲州）；唐武德元年（618）又废，天宝元年（742）又改蒲州为河东郡，领八县，乾元元年废郡，复为蒲州。

历史在河东郡地留下了诸多闪光片断：史书中最早出现的"中国"一词，指的就是上古虞舜时代的晋南，包括河东郡地；上古传说与夏、商遗存遍布，被视为中华文明的发祥地之一；在汉、唐时代，这里距京师不远，政治地位弥足重要，且农业经济居于全国前列；等等。同时，这里也是人才荟萃之地，包括战国时代著名的政治家张仪，汉代名将卫青、霍去病、霍光，三国时期名将关羽，唐代诗人柳宗元、王勃、王翰、王维、司空图，宋代宰相司马光⋯⋯

西侯渡遗址

西侯渡遗址是一处距今约180万年前的旧石器早期文化遗址，大致与元谋猿人遗址处于同一时期，是中国迄今所发现的年代最早

西汉（左图）和三国魏时期（右图）河东郡管辖范围图示意图。河东郡的管辖范围多有变化，如在西汉时，河东郡辖24县；三国魏时期部分区域被划为平阳郡，河东郡的辖区范围缩小将近一半。

的旧石器时代遗址。该遗址因位于芮城的西侯渡村而得名，属国家级文物保护单位。

从地理位置上看，西侯渡遗址坐落在从中条山向黄河倾斜地带的一片黄土丘陵上。遗址的剖面完整，地层清晰，考古工作者认为，这是一处早更新世时期文化遗址。遗址上的出土物包括一些制作粗糙的石器以及动物骨类化石。石器主要包括刮削器、砍砸器、三棱大尖状器等，大多数是由石片加工而成的，原料则以石英岩为主，人工打制的特征明显，说明西侯渡人已懂得使用石片加工制造工具；动物化石主要有鲤、鳖、鸵鸟与巨河狸、剑齿象、山西披毛犀、步氏真梳鹿等20余种，大部分属于草原动物，亦有一些丛林和森林动物，而鲤以及巨河狸的存在，证明当时西侯渡附近应当有广而深的稳定水域。其中烧骨（被火烧过的鹿角、马牙和动物肋骨等）的发现意义重大——这说明早在180万年前，生活于此处的古人类已学会如何取火并食用熟食。因此，这个遗址是世界上已知的人类用火最早的遗址之一。

西侯渡遗址出土的石器、鹿角说明了本区先民采用的是采集、狩猎并存的经济形式。

依据考古发现，当时的西侯渡一带，河岸边生长着稀疏的树林，鸵鸟、剑齿象、披毛犀、步氏鹿、野猪、羚羊等动物活跃于宽阔的草原，而鲤、鳖等水生动物则在河流及附近的湖泊中畅游。居住在此的古人类，活跃于林边草地及河湖边缘，用所打制的石器进行渔猎活动。临近夜晚，他们则以木材、干草作为燃料，在居住地生火照明取暖，并烧煮猎物。出土物中发现的有明显人工砍砸、切割和刮削痕迹的鹿角，说明当时骨器可能已经被制作使用了。

从西侯渡遗址、匼河遗址所代表的旧石器时代开始，到新石器时期的半坡文化，到尧舜禹时期的部落纷争，再到农耕经济开始占据主体地位的夏商周，这一区域的文化传承未曾间断。在晋南一带密集分布又相互关联的古人类遗址，以及流传于这些地区的种种传说，都清晰而有力地向世人证明，本区正是华夏文明起源的中心地带之一。

匼河遗址

匼河遗址主要分布在山西芮城风陵渡的匼河村一带，因此得名。由于匼河石器代表了一种文化的性质，和旧石器时代初期的其他地点的资料相比，既有共性，又有自己的特点，所以匼河遗址所反映的文化被称为"匼河文化"。该遗址属中更新世早期遗址，距今约80万年，具有上承西侯渡文化，下启丁村文化（属于旧石器时代中期的一种人类文化，遗址位于山西襄汾新城的丁村附近的汾河两岸）的性质。

作为中国华北地区旧石器时代早期文化的代表遗址，匼河遗址分布在中条山西南麓的黄河北岸，这里冲沟发育，地层出露好。遗址范围北至永济韩阳的独头村北涧，南至芮城的涧口南沟，西至黄河岸，东至芮城风陵渡的华望村，长达13.5千米，由17个地点组成，形成一个遗址群，出土的有属于更新世中期的哺乳动物化石和原始的石器。

石器以大石片制作的砍斫器、石球和三棱大尖状器（旧石器时代古人类用于挖掘根茎类植物的工具）为特色，其原料除极少数为脉石英外，绝大部分为石英岩制成，主要以锤击法和碰砧法打下石片加工而成，由于技术的不熟练，制作粗糙；出土的动物化石主要有肿骨鹿、披毛犀、扁角鹿、对丽蚌、德氏水牛、二门马、野猪、师氏剑齿象、东方剑齿象、纳玛象、三趾马等。三棱大尖状器、石球及动物化石的出现，可证实当时古人类过着既采集又狩猎的经济生活。

匼河文化是承继西侯渡文化发展而来的。西侯渡文化仅有西侯渡一个孤立的遗址，而匼河文化的遗址则存在范围较广，除了此处以匼河为中心分布的遗址群，在东面的垣曲境内的官沟、东岭、中背岭、柴火疙瘩、坪道、小赵村、早家庄、冯家山、晁家坡等处，以及位于黄河对岸的陕西潼关、河南陕县、三门峡的一些地方，亦分布有属于匼河文化的石器地点。这些遗址皆位于黄河东转的拐角处，较为密集，证明中国早期人类在这一带活动已经较为频繁，可能已经形成了有一定规模的原始人群

落，是早期人类生产生活的一个中心地带。

尧王台遗址

顾名思义，尧王台与尧有关，相传为尧禅让之地。20世纪后半期对此地的几次考古活动，将这里的人类活动时间大幅提前至五六十万年前，为人类史前文明的发祥地之一。

尧王台遗址位于永济介峪口村和东姚温村南的3座小山包上，从中发掘出灰层和烧火用的灰坑，石器有石片、石核、石球、刮削器等，还有纳玛象、德永象、马、羚羊、斑鹿、鱼等动物化石。

由发掘情况推测，在中更新世早期，这里有山有水、气候温和，是动物的天堂，并已有古人类择地而居，他们会用石英岩、火山岩和矽质灰岩打制较为粗糙的石器，通过采集、狩猎来维持生存，还会生火，学会了吃熟食。

西卓子遗址

西卓子遗址是继西侯渡遗址后，运城盆地出现的有古人类活动的地方，位于万荣荣河镇境西卓子村附近的沟壑中，以所在地得名，属旧石器时代遗址。遗址所出土的石器数量

不多，所收集到的6件石器是作为狩猎而用的石球，最大者直径为10厘米，小者直径亦有6厘米，属于砂质灰岩。其中2件为半成品，4件为成品，前者打击痕迹清晰，后者已被加工。与这些石器一起出土的，还有食肉类、长鼻类、奇蹄类、偶蹄类共4个门类9种的哺乳动物化石，包括狼、狗、黄河象、野猪、羚羊、麋鹿等，皆为更新世中期或更新世末期动物。由此，考古学家推断，遗址内的文化遗存的地质年代应该不晚于更新世中期。

西卓子遗址的出土物较少，但根据上述的文物，依然可以看到，当时古人类生活的环境，应是长河奔流、森林茂密之地，是众多哺乳动物的栖息地，也是当时古人类的重要食物来源——当时的古人类通过石球等工具进行狩猎。由于汾渭盆地形成于同一时期，而遗址所在地属于汾渭盆地的一部分，故考古学家推断，曾活动于遗址上的古人类，与生活于更新世中期的蓝田人和更新世末期的大荔猿人或许存在着某些联系。

晋南半坡类型遗址

半坡遗址是黄河流域一处

典型的新石器时代仰韶文化母系氏族聚落遗址，距今5600—6700年。晋南半坡类型遗址主要分布在临汾和运城，属新石器时代文化遗址。

在芮城东庄村半坡类型遗址、闻喜姚村半坡类型遗址等遗址中，出土的文物较多：砍伐农耕工具主要有石斧、石锛、石锄、石铲等；收割工具主要有两侧带缺口的打制石刀和陶刀；粮食加工工具主要有石磨盘、石磨棒、杵石等；纺织缝纫工具主要有石纺轮、骨针等；狩猎和捕鱼工具主要有石镞、弹丸、网坠等；陶器以夹砂红陶和泥质红陶为多，有少量的夹砂红陶和泥质灰陶……这些由石、骨做成的生产工具以及陶器等，反映了新石器时代半坡时期河东居民的生产场景：以农业生产为主要谋生手段，也狩猎和捕鱼。

南海峪遗址

这是一处旧石器时代的洞穴遗址，位于垣曲毛家村南海峪沟口东侧山腰处。遗址所在洞穴的基岩为石灰岩。

遗址中出土的动物化石主要有三门马牙齿、鬣狗、大河狸、犀牛、野羊、鹿和猕猴牙、下颌骨等10余种，多属森林类型的动物，也有少数平原类型的动物，年代为更新世中期，即旧石器时代的初期或稍晚些的时间。这些化石表明，当时南海峪地带的气候是温暖湿润的，且森林、草木茂盛。从出土的石片、尖状器和刮削器等石器看，与这些动物共生的古人类，在距今几十万年前，已经懂得用自己制造的工具来获取生活资料，包括用刮削器分割狩猎所得的动物肉等，而且所吃的肉应是熟食，因为这里还出土了动物的烧骨。由于所用工具低劣，考古学者判断，此时的古人类必须共同劳动，因此过着群居的生活。

通过动物化石对比，考古

晋南半坡类型遗址分布示意图。半坡类型遗址在晋南分布范围较广，涉及万荣、稷山、侯马、翼城、垣曲等多地。

南海峪遗址中的洞穴。旧石器时期南海峪的古人类过着在山间林中狩猎的生活，以天然的山洞为栖身的处所。

学家认为南海峪遗址很有可能与北京猿人晚期文化属同一文化类型。这一遗址的发现丰富了中国旧石器时期的文化宝库。

周家庄遗址

周家庄遗址为目前所知的最大的新石器时代遗址之一，总面积约500万平方米，是一处以龙山时代遗存为主（分布面积约450万平方米），兼有仰韶、庙底沟二期、二里头、二里岗、东周等时期遗存的大型遗址。遗址位于绛县横水的周家庄村、崔村等村落之间的紫金山山前坡地上。

周家庄遗址的龙山期遗迹包括壕沟、房址、陶窑、灰坑、墓葬等。壕沟宽约10米，是一种大型的公共工程，可为确立该遗址中心聚落的地位提供依据。环壕内分布着众多的陶窑、房子、灰坑及墓葬等，是本地区大型的中心聚落。房址共发现10座，分布并不集中，且均为面积不过10平方米左右的小型房子，类型为地穴、半地穴。其中地穴式房址的年代较早，且两种类型的房子都铺设有白灰地面，中心部位有灶。灰坑种类较为丰富，包括袋形、直壁、锅底状灰坑和不

规则灰坑等，其功用除作为取土坑外，还有窖穴、生活垃圾坑等。这个遗址的龙山期遗迹形成年代最晚的是成排的土坑墓和瓮棺葬：土坑墓葬成人，皆采用单人仰身直肢一次葬的葬式，均为西南—东北向，头向西南，大多不见葬具，墓地空间分大、中、小几种；瓮棺葬的是儿童，墓坑较浅，所用葬具主要是套接或扣合在一起的残破陶足及少量罐的残体。在这个遗址中出土的陶器主要有肥足双鋬鬲、瘦体双鋬鬲、单把鬲、斝、釜灶、大口罐、高领折肩罐、圈足罐、盆、甑、杯和少量的扁壶等，皆属龙山文化时期。另外，墓中出土的一件铜片也颇引人注目。

综合相关的考古材料，专家们认为，周家庄应为这个区域的最高统辖中心。它以壕代城，环壕之内安置居址、墓地等，且钻探显示还应有一些高等级设施。这些都表明，周家庄遗址对于探索本地区早期复

杂社会的发展和文明的起源有着不容忽视的重要意义。

晋南庙底沟二期文化遗址

庙底沟二期文化因河南陕县的庙底沟遗址而得名，为黄河中游地区的新石器时代晚期文化，处于仰韶文化到龙山文化的过渡阶段，属于中原地区龙山文化的早期，年代为公元前2900—前2800年。其分布范围涉及豫西、晋南、陕西关中等地。

在晋南，庙底沟二期文化遗址分布比较密集的地方，是运城盆地周围和中条山南北麓直到黄河北岸的区域。主要的遗址有垣曲古城东关、平陆盘南村、葛赵村、芮城西王村、夏县东下冯村等。这些地方出土的生产工具仍然以石器为主，有磨制的石斧、石铲、石耜、石锛和打制的盘状器和砍刮器等，石斧、石铲和石耜以大型厚重而尤具特色。长条半月形

> **垣曲下马村遗址** 位于垣曲东南数十千米处的下马村附近。该遗址为新石器时期遗址，面积约7万平方米，内有仰韶文化层和龙山灰坑。该遗址出土文物有8件完整陶器和一些陶片。陶器均为细泥红陶，大多饰以黑色彩绘花纹。图为葫芦口双耳彩陶瓶，泥质红陶，肩部绘有两组对称的黑彩涡纹，腹部有倾斜状线纹，是庙底沟类型的典型器物。

石刀、石镰、蚌镰等较先进的收割工具也在此时出现，还有挖土用的木耒，粮食加工用的石杵等。用于纺织缝纫的工具主要有石纺轮、陶纺轮、骨针、骨锥等；狩猎工具有石镞和骨镞。根据这些出土文物可以推断，时人的粮食采集与加工能力有了长足进步；狩猎用的骨镞较旧石器时代的石球等更轻便、有效。这一时期的陶器随着时间的推移而有所不同：早期以夹砂灰陶和灰褐陶为主，后期则流行纯正灰陶及泥质陶，生产力进步明显。

除了生产工具的进步，晋南这类型的遗址中，还出土了人体装饰品，包括数量众多的石环，以及玉环、石饼、石璜，还有为数不多的坠饰、穿孔器、琮等装饰品。另外，遗址中还出土了带有两个圆孔的乐器陶埙。这是史前人类生活存在审美意识及娱乐活动的表现。

西阴遗址

西阴遗址位于夏县西阴村西北部一高地，其范围南至西阴村南（今嫘祖庙）一带，北至灰土岭边缘，东至村东一条南北向小路，东西长600米、南北宽500米，总面积约30万平方米。该遗址距今3000—7000年，是仰韶文化和龙山文化并存的古文化遗址，文化类型主要有新石器时代仰韶庙底沟类型文化、西王村三期文化、庙底沟二期文化、三里桥类型文化和商代二里冈文化，其中又以庙底沟类型文化和庙底沟二期文化为主。遗址所在区域，传说是夏禹活动的中心地带，这与遗址有人类活动的时间吻合。

遗址先后两次发掘。属于庙底沟类型文化的遗迹有半地穴式圆形或长方形房址，出土遗物包括石器、骨器、蚌器和陶器等：石器类型丰富，有石锤、石斧、石刀、石箭头、石杵、石臼、石球；骨器有骨锥、骨簪、骨针、骨环等；陶器主要是素面陶和黑彩陶，主要器型有釜、灶、夹砂罐、尖底瓶等，还有直口或敛口钵、敛口瓮、缸等。属于庙底沟二期文化的遗迹主要是圆形半地穴式房，遗物以灰陶为主，主要器物类型包括夹砂瓮、缸、折沿罐、釜灶、双耳壶、高颈瓶、钵、盘、器盖，以及石刀、锛等。另外，遗址中所出土的半个蚕茧化石，引人注目。

西阴遗址的发掘对历史考古有两个重要影响。其一，在发掘出的半个带有人工切割痕迹的蚕茧化石上，能清晰地看到平整的切割面。这说明晋南在新石器时代已开始人工养蚕，这里或许为北方人工养蚕最早的起源地。其二，西阴遗址出土的大量陶片动摇了彩陶文化起源于西方的说法。这些陶片证明了当时陶器的种类、样式都较为丰富，丝毫不逊于中亚、亚洲西南部和非洲东北部地区所出土的彩陶文物。根据考古发现，以西阴遗址为代表的西阴文化，其影响范围波及河南、陕西等地，但大约在公元前第四千纪的中期，盛极一时的西阴文化骤然瓦解。

东下冯遗址

东下冯遗址位于夏县北部中条山下的青龙河畔，一般被归为二里头文化的东下冯类型。此类型集中分布于山西西南部的汾水、浍水、涑水河流域，西临黄河，东与晋东南毗邻，南与豫西二里头类型的文化遗址隔河相峙，往北以霍山为界，与光社文化分布范围相交错。在本区，与它同类型的还有永济东马铺头遗址等。遗址的年代约为公元前19—前16世纪。

遗址占地约25万平方米，

文化层厚2—3米，其内除含有二里头文化外，也有龙山文化与商文化，以二里头文化为主体。已发现的遗迹主要为壕沟、灰坑、房址、陶窑、水井和墓葬。与二里头类型不同，这里的壕沟呈"回"字形，里、外两重，在壕沟的两侧崖壁上掏挖有若干窑洞；灰坑多为圆形袋状或不规则形，并发现有极个别的长方形深窖穴；房屋分窑洞式、半地穴式和地面建筑3种，其中以窑洞式最多；墓葬中，发现有双人合葬墓，葬式分仰身直肢和俯身直肢两种。所出土的遗物主要有铜器、石器、骨器以及陶器等不同质地的生产工具、生活用具。其中以陶器为主，又以夹砂灰陶和泥质灰陶居多，深、浅褐陶占有相当的比例，黑皮陶的数量一直低于褐陶，极少红陶，器类主要有鬲、甗、斝、深腹罐、圆腹罐、鼎、甑、高领折沿罐、大口尊等。青铜器主要有凿、刀、镞及铜容器残块。石器有斧、铲、刀、镰、镞等。骨器有镞、匕、刀、锥、针等。此外，卜骨发现也较多，以猪肩胛骨为主……

这些遗迹以及遗物的出土，显示这里曾是一个有人类长期定居且较为繁荣的村庄。

关于村庄的主人身份，有学者认为是夏人，有学者认为是唐人或唐虞族，或者为姜姓四岳族。后两者皆被认为与夏人存在联盟的关系，是华夏族的组成部分。他们过着定居的生活，以石器、骨器、青铜器等工具进行采集及狩猎活动，以及制作衣服，实现了衣食自给，还出现了占卜师……

垣曲商城遗址

这是垣曲境内一座商代早期的城址。从地貌上看，商城坐落在南关台地上，台地北、东、南三面环水，海拔在248—268米之间，地势北高南低，西部开阔平坦。商城之所以建在地势较高的台地上，可能是为了避免黄河、亳清河、沇河洪水的侵袭。

城址平面状如梯形，东西宽350米、南北长400米，周长1470米，总面积13万平方米。东、北、西、南皆有城墙，其中东、北面的为单墙，西、南两面墙均修筑了双道夹墙，同时城墙开口，留有几处城门；西城墙外还有壕沟，这与东下冯遗址相似，或为夏人所遗留。城内有东西向横贯城中部的大路。城址内，功能区分布清晰：城内东南部为居民区，在这里发现了窑穴、灰坑、房址、沟壕等遗迹，出土了大量生产工具（包括铜器）、生活用具、卜骨等遗物；南部为制陶作坊区、墓葬区；城中部偏东处则为宫殿区。之所以定名为商城遗址，是因为从文化层堆积的状况来看，商城内文化层堆积以商代二里岗上层和二里岗下层为主，这两层堆积在全城普遍存在，基本呈水平状分布，很可能是商人在城内的活动面。

根据考古发现，研究者认为，垣曲古城作为从豫西进入晋南的交通要塞之一，在夏代已成为重要的聚落居址，后期

垣曲商城遗址平面示意图。垣曲商城的遗存以城墙和宫殿区夯土基址遗迹为主。

时（二里头文化东下冯类型晚期），夏人（也有研究认为是与商关系密切的冯夷——远古时代用葫芦来泗渡黄河的古老国族）在垣曲古城南关修建了环壕聚落；随后，强大起来的商人在二里岗下层偏晚阶段，占领和利用了南关环壕聚落，并在此基础上扩建成为垣曲商城，延续使用到二里冈上层文化时（约公元前1500年）。据考古调查，以垣曲商城为中心5.5千米的范围之内，还发现了宁家坡、南堡头、寨里、陵上、沙沟等5处商代文化遗址，均处于二里岗文化时期。这也表明，当时商人已取代夏人，成为这一区域的主人。

古魏城遗址

从年代上说，古魏城属西周古城。它的建造者毕万，是晋国的大夫。东周惠王十六年（前661），晋献公灭魏，并将魏地赐予毕万为采邑。毕万于是在这里筑魏城以为都城，并以"魏"为姓，成为战国魏之先祖，后其子孙又在霍（今霍州）和安邑等地建都。

毕万所建的这座城池，即今天所称的古魏。遗址位于芮城城关镇境内的北部，东起柴涧村、铁家庄，西至后龙泉村、

城南沟村，北至永乐宫北500米，南至永乐宫门前，北依中条山，南望黄河，城池内外，泉水密布。城址内现存东、南、北三面城墙均近乎一条直线，西城墙则呈拱形，中部向外突出。除西城外，城墙一般在地面都能看到，高出地面1到7米不等，西城墙遭到贾公、地皇二泉的严重冲刷，已残破不堪。城基宽度一般在13—15米之间。整个城址平面呈方形，城周约4500米，东西宽1197米，南北长1203米，分布面积约144万平方米。城池东边的柴村，传说是当时的柴市；城南的令花村，传为魏侯的花园地。

在遗址中发现的文化堆积，有3种。其一是西周时代的青铜器、陶器、玉圭和其他细石器，青铜器中的叔向父簋应是魏国贵族所有。其二是战国时代的筒瓦、板瓦等残片，还有小口罐等泥质灰陶。其三是城北少量的汉代堆积，这或许表明，在汉代，这座城池的一部或大部仍在被使用。

猗氏古城

猗氏古城位于临猗牛杜的铁匠营村东侧。这座城池所在地的历史，最早可追溯到夏代

的古猗国，这也是"猗氏"一名的由来。周代时，这里是郇国的城池，称郇阳城。春秋末期，鲁国贫士猗顿于猗氏大畜牛羊，十年间富埒王侯，遂以地为氏，称猗顿，这也是后来城池称"猗顿城"的原因所在；西汉时设置猗氏县，就以这里为县治，称"猗顿城"；晋魏以后，人们又把它称作猗氏古城。此城作为县治，历经西汉、新莽、东汉、三国；至晋，猗氏县治所迁离，城被废弃不用。

该城址平面呈长方形，东西长1244米、南北宽924米，分布面积约105万平方米，现存东、南、北城墙，厚度19—21.3米，高度2.8—8.7米。现存东、南、北城门各二，西城门已毁，各门宽16米，进深20米。据说，城池周边的王寮、王景、王鉴3个村，是沿用猗顿3个儿子的名字命名的。

横水倗国墓地

倗国是一个在文献上不见载录的国家。但是，位于绛县横水的横北村北所出土的墓群，证明了此国的存在。这个墓群北倚紫金山，南临中条，跨涑水河，墓地所在地北高南低，呈缓坡状，背风向阳，

近水，南北长约200米、东西宽约150米，面积约3万平方米。这里的1000多座墓葬皆为东西方向，车马坑皆为南北方向。葬具多为一棺，少数一棺一椁，人骨大多保存完好，葬式主要为仰身直肢及俯身直肢，头部大多向西。多数墓葬有随葬器物，有铜、陶、蚌、贝、漆、玉器及纺织品等。其中的纺织品荒帷（棺罩），为周朝高级贵族墓葬所用，这是目前中国考古发现的时代最早、保存最好、面积最大的墓内装饰图案实物。

根据考古发现，学者们确信这些在地下已越数千年的逝者来自于倗国。其中就有倗国的国君倗伯及其夫人毕姬（出自姬姓毕国，在今陕西西安、咸阳以北一带），他们生活的年代应是西周中期。由于墓葬多数呈东西向，俯身葬比较多见，有殉人、殉狗、腰坑等现象，与殷人葬俗有很多相似之处，且区别于周人墓葬中多南北向、仰身葬的葬俗，所以很多学者认为，这片墓地主人的族属应与殷商遗民有关。另有学者根据"倗"字的考证及相关史料认为，这片墓地的主人可能是西周媿姓的居民，属赤狄……

禹王城遗址

禹王城遗址位于夏县西北鸣条岗麓。因传说夏禹曾在此居住过，故俗称"禹王城"，是春秋战国时魏国的国都安邑城，也是秦、汉及晋时的河东郡治所。

禹王城遗址南面中条山，青龙河、天盐河、白沙河、姚暹渠流经东南，鸣条岗枕其西北，地势北高南低，城之西南就是盐池。城址有大城、中城、小城三重城垣及禹王台。大城平面近似梯形、北窄南宽，周长约15.5千米。北墙、西墙和南墙西段保存较好，西墙最高处达8米。城中主要分布春秋晚期至战国的文化层；中城位于大城西南部，周长约6.5千米，主要为汉代文化层，附近出土有冶炼铸造作坊遗址；小城位于大城中央，平面正方形，周长约3千米。三重城垣皆有阙口，可能原为城门。据初步研究，大城和小城同属东周时期的建筑，从形制上看，具有明显的春秋战国时期"城郭制"的特点，即小城在内为"城"，大城在外为"郭"。小城所处地势比较高，较周围地面高出1—4米，应是春秋战国时代安邑的宫城，而大城即为郭城。中城属秦汉或稍晚年代的建筑，应为当时的河东郡治，其规模逊于大城。

安邑的历史地位重要。在战国时期，安邑是魏国重要的军事要地，但由于地理位置靠近强秦，受到秦国的严重威胁，以致魏惠王做出迁都大梁的决策。在河东郡时期，安邑一直是河东的中心，铁官驻地之一。需要特别指出的是，在东汉兴平二年（195），汉献帝从混战中的关中逃出，"（十二月）乙亥，幸安邑。……建安元年春正月癸酉，郊祀上帝于安邑，大赦天下，改元建安"（《后汉书》），中国历史上著名的建安时代就此开启……

蒲州古城遗址

在没有成为遗址之前，今天所称的蒲州古城在古代可是生机勃勃：唐时与陕、郑、汴、怀、魏并称全国六大雄城，明时居全国三十三大工商都市之一，是公认的中国古代名城。但在经历了明嘉靖三十四年（1555）的大地震及后来的多次黄河水患后，这座辉煌一时的城池于20世纪50年代被弃，成为废墟。

古城遗址位于黄河东岸永济境内，是明代时重修的城市遗址。城市的平面呈正方形，周长40578.3米，四周有城墙，现只遗留北、南、西三面墙体，城门楼、月城（也叫瓮楼）尚在。城东有新修建的普救寺，城西则发掘出唐开元年间的铁牛、铁人、铁山，元至大三年（1310）所建大禹庙前的7根铁柱。需要说明的是，这座城体完全建立在黄河河道谷地的一块滩涂上，这决定了它的最终命运：毁于黄河之水患。

这座建于北魏登国元年（386）的城市，至今已有1600多年历史。在古代，它能成为名城，主要得益于其地理位置的优越性。其地临黄河，在晋、陕、豫的交接点上，位于自东向西进的桥头堡上，战略地位重要，自建城以来一直备受重视。497年，魏孝文帝亲幸蒲州，随后的东魏丞相高

欢又在此经营10多年，并在黄河上建起蒲津浮桥——这进一步奠定了蒲州城的地位。紧接着而来的宇文护父子，更是开创了蒲州建城后的第一个经济繁荣期，他们在这里建起了名播华夏的名楼——鹳雀楼，而且在蒲州城的北门外开凿了惠渠与永济渠，实现了农田灌溉，还用坚石垒筑起一条长数百米的石堰，拦阻黄河水，保护城体。及至唐代，蒲州进入它的黄金时代：由于地近国都之利，它被定位为中都。唐开元年间蒲津浮桥的改造，使它顺利沟通东西，成

为名副其实的畿辅之镇，且商业极其发达。在1231年蒲州城失陷前，经过历代的营造，蒲州城已蔚为大成，城垣坚固，衙署贡院形制完备，寺庙多，有鹳雀楼、逍遥楼、白楼街等建筑名胜，街市、民居自成格局。经历了金元战争，蒲州城多被毁，虽明代有重建，但受水患的影响，它再也没有回到唐时的盛况，直至20世纪50年代被废弃。

车厢城旧址

车厢城是春秋时的一座名城，还可能曾是在侯马新田之前晋国的古都。其城址在绛县古绛的南城村，北临浍水河，南靠中条山北麓，东、西分别为深沟所夹峙，形似车厢，故名车厢城。

车厢城建于晋献公八年（前669），北魏时重修。现今所存旧城，城南北长约400米、东西宽为50米，面积约2万平方米。城四周依沟建有高厚的城墙，西北角开凿隧洞式土门一道，内、外、上、下均为75°陡坡。城东有一片深

蒲州城建成后经战乱而毁坏，于明代重建。重建的城廓形状规整、庙宇林立（如绘图所示）。经数百年风雨侵蚀后，其城墙和城门仍保存较为完好。

10多米，面积为120多平方米的天井院，当地百姓称其为"牢窟垛"，据说为当时的牢狱；东边临沟畔筑有面积约10平方米的土台一座，相传为岗哨台或烽火台；

本区古城遗址分布示意图

城南有一块地势斜缓、开阔之地，传为屯兵操练场；城东、西、北隔沟环围东南城、西南城、裴家城堡3个村庄，为当时外围驻军之地。

一般认为，车厢城就是晋献公八年晋献公派人将桓、庄之族群公子全部杀光的都城——聚。在"群杀公子事件"后的次年，晋献公即命人扩建聚城，继而将聚易名为"绛"，并将都城由翼（或曲沃）迁至此，经晋惠公、晋怀公、晋文公、晋襄公、晋灵公、晋成公，至晋景公十五年（公元前585年）。一说为晋景公三年，即公元前597年）迁于新田（今侯马），历时84年。晋献公迁都后，晋国由弱变强，至晋文公时，更是称霸各诸侯国。是时，晋国采取了垄断性的"工商食官"政策，轻关易道，降低关税，吸引各地商人入晋经商；同时鼓励本国商人把剩余产品抛向其他诸侯国，

以增加国民收入。有资料表明，当时的绛城商贾往来频繁，市场货品丰盈，极为繁荣昌盛。

羁马古城遗址

羁马是春秋时期的军事要城，有研究者指出，其在战国时名为"阳晋"，使用时间较长。历史上多个著名的事件皆发生于此，包括秦粟入晋的泛舟之役、东汉末年曹操与马超联军之战、明末李自成农民军与明兵风陵渡之战等。

这座古老的军事城池位于今芮城风陵渡的匼河村北塬。它所在之地古称河曲，有"控据关河，山川要会"之说，战略地位重要。古城遗址地处中条山前洪积扇上，由于洪水冲刷切割，南、北、东三面分布有超过30米的深沟。城体的西面及南面濒临黄河，东边为中条山。城池的平面呈长方形，东西宽、南北窄，城周超

过3000米，规模上已属于当时的大城。现存的东、南、北三面城墙，沿黄土断崖顶修建，墙基宽14米，顶宽6米，最高为7米。城中的文化层出土了一批商周时期的陶片、春秋战国时期的铜质三棱箭镞等。

永济蒲津渡遗址

沟通关中平原与河东地区的蒲津桥及其前身，从公元前541年始建到1911年绝迹，它作为交通要道存在可谓长久，这与其东岸蒲津渡的地理位置不无关系。

蒲津渡遗址地处永济蒲州古城西门外。它所对出的黄河谷地属宽谷，水流较缓，尤其以大荔和永济间段为甚，而且，在隋唐之前，这里的河道相对窄，有利于开辟渡口及架设浮桥。由于这段黄河的东、西两岸分别是涑水河谷和关中平原的渭洛阶地，相对于北边的峨嵋台地及渭北高原，这些平坦的河谷道路自然是晋陕间的交通捷径，蒲津渡恰好就在这条捷径上；从政治、经济的角度看，蒲津渡对岸的关中平原是当时中国的政治、经济、文化中心，而蒲津渡则处于历史上"三河"之一的

河东，地理位置重要，发展成当时晋南的政治、经济、文化中心。这些都支撑着蒲津渡及相接的浮桥通道得以长久存在。但由于黄河水害等因素的影响，这个晋陕之间通道的重要关卡还是在近现代不可避免地走向了衰败。

蒲津渡遗址面积为2000多平方米。在这里出土了唐开元十二年（724）铸造的铁牛、铁人各4尊。其中的4尊铁牛，是至今中国发现的历史最早、体积最大、分量最重、数量最多、工艺最精的渡口铁牛。考古工作者还发现了唐、宋、元、明以来的渡口河岸；南北走向、宽3.3米的石铺路面；明万历年间加筑的石堤，砖砌的地面、水道以及南北走向的砖墙基等。

南樊石牌坊

南樊石牌坊坐落于绛县南樊西堡村，属于古时经官府奏准为表扬节妇孝女而立的节孝牌坊。石牌坊建于清嘉庆九年（1804），主人是"诰授中宪大夫贾凝端之继妻李恭人"，由她的孙子、时任山东盐运滨乐分司司运贾宗洛所建。

牌坊为石质仿木构结构，南北向，双面六柱五门三重檐，高12米，阔8.5米。正门两端各开二合八字门，两面的石条台基各长4.63米、宽2.23米、高1米。牌坊高处是雕有"圣旨"和"旌表"的石匾；从基座到顶部均浮雕走兽、花卉、人物。其中最下层正中雕有一组人物，几个侍女簇拥着一位老夫人——她可能就是牌坊的主人李恭人。牌坊夹杆石为圆雕石狮，其额枋、斗拱、阑额等部位，有石雕装饰。右侧附设石碑楼一座，内有石碑15通，碑文均刻在各种石雕艺术造型内，书体有真、草、隶、篆，以介绍牌坊主人的生平事迹。此牌坊是仿北京紫禁城的石牌坊而建的，且造型优美，雕工精巧，故当地流传着民谚："金襄陵，银太平，数了曲沃数翼城，虽然绛县不出名，南樊赛过北京城。"

南樊石牌坊为三重檐结构，顶部有多处石雕装饰。

王官别墅为城堡式民居，其城墙（如图）高大坚固，具有较强的防御功能。

王通故里祠堂

王通，中国历史上著名的哲学家、教育家，设教河汾，唐初重臣魏徵、李靖、房玄龄等皆其门生，弟子众多，时称"河汾门下"，曾在哲学思想上提出以元气、元形、元识区分天、地与人，以气、形、识分别作为天、地、人之特点，具有朴素唯物论的思想因素。他的故里在古绛州龙门万春乡的甘泽里，也就是今万荣的通化，人们在此建有纪念他的祠堂，即王通故里祠堂，又以其字称"王文中子祠"，本村人则尊之为"圣人庙"。

祠堂建于通化村东端的高岗上，始建年代不详。整个建筑坐北向南，面积1045平方米。今仅存正殿3楹，南房3间。祠堂属砖木结构，丹砖红瓦，有脊兽雄踞屋顶。大扇朱门一合。旁跨耳房，左右对称，耳房门边面里院，西耳房门楣上书"文光"，东耳房门楣上书"射斗"两字。大门前额有金匾一悬，斗大楷书"王文中子祠"。门前的砖砌阔台长7米，两边粉壁呈"八"字形张开，有秦琼、敬德巨幅画像对立两壁中心。祠院内有1.5米宽的人行道，青砖铺地直达正殿前的平台阶下。殿内原有王通、王勃祖孙两人塑像，但已被毁。

王官别墅

王官别墅，是中条山麓一座清代建置的城堡式民居建筑，位于永济虞乡的楼上村。它的建造者，是晚清廉吏阎敬铭（曾在清末在清廷任职军机大臣、东阁大学士兼户部尚书）的三儿子阎乃竹。尽管阎敬铭未曾在别墅中居住过一天（别墅建好时他已去世），但当地人感念他的清廉以及刚正不阿，仍将别墅称为"相国别墅"。之所以又称"王官别墅"，是因为其地近中条山的一条沟壑——王官谷。

王官别墅只是一个大庄园的局部，位于庄园的西南角。整个建筑分内城、外城两大部分。内、外城皆筑有城墙。外城的功能是晒谷物及饲养家畜；内城，则是别墅的核心区：

城墙四面的底层，均为窑洞；上层再载院落，是个设计精巧的两层民居。其中，东、西、南三面的窑洞较小，北面的七孔大窑洞深30米，上方建有三层院落，是别墅的主院，包括中轴线上的院门、正厅、祭祖堂和东、西两个套院及一个东偏院。

三郎庙戏台

宋元时期，随着戏曲文化发展到鼎盛，中国的戏曲舞台（简称戏台，是以戏曲表演为主要功能的、有顶盖的建筑）也逐渐发展成熟。作为当时戏曲艺术中心的山西，其戏台尤其多，特别是在晋南，几乎每村都有与庙相连的戏台——神庙戏台，简称庙台，主要有露台和舞亭两种。永济卿头的董村的三郎庙戏台即属舞亭一类。

据戏台主梁上的题记，它始建于元至治二年（1322），清乾隆二十六年（1761）及嘉庆二十四年（1819）两度重修。从屋顶样式看，它属单檐歇山式舞亭，与元代多数的舞亭类戏台形制一样；戏台有高出地面约1米的台基，平面呈方形，三面筑墙，一面敞开，上筑屋顶，属于典型的

一面观戏台，区别于早期流行的三面观戏台，有助于演员的声音集中向台口方向反射，且为观众提供了清晰的观看环境；梁架结构奇特，为"井"字形框架，前后坡上有4根悬空柱角，前梁通贯整个阔面；舞台中间无中柱（现存中柱为后来重修时为加固而做的支撑），这说明了元代是演员一起出场，横排一列，边弹边唱。建筑中的构件，如正脊鸱吻、垂脊和戗脊构件、台基、柱础、柱子、大额枋等仍保留着元代风格。

三郎庙戏台原与三郎庙的殿宇廊庑建筑相连而成（如今庙宇已毁，只存戏台），故名。戏台之所以会与庙宇连成一体，与上古时期的以歌舞乐神的巫觋活动（酬神）相关，并逐渐形成神庙演剧活动。唐宋以来，由于民间

信仰流行，城乡神祠的数量急剧增加。有庙就有祭，而民间祭祀的方式主要依靠歌乐表演，宋元时期表演的内容就主要是戏曲。由此，表演戏曲的舞台就与神庙有了无法割离的关系。当时还有另外一种用以商演（世俗）的舞台形式，称勾栏。

董封戏台

董封戏台位于绛县安峪的董封村，原为泰山庙内建筑，故又称泰山庙戏台，与三郎庙戏台同为舞亭，亦是庙毁而戏台尚存，为农村戏台。这座戏台创建年代不详，明万历四十年（1612）重建，并于清嘉庆四年（1799）重修。

现存的戏台坐南朝北，建筑面积102.4

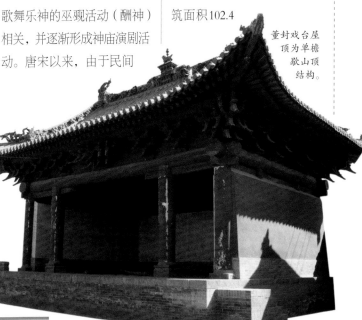

董封戏台屋顶为单檐歇山顶结构。

平方米，平面近方形，砖结构台基高0.9米，有石条压面，分前台、后台，前台、后台面阔、进深各三间。单檐歇山顶，五檩无廊式构架，前檐柱粗矮，上施圆木大额枋，平梁为月梁式，前后檐下柱头斗拱五踩双昂。

鹳雀楼

王之涣名诗《登鹳雀楼》："白日依山尽，黄河入海流。欲穷千里目，更上一层楼。"诗中的"楼"正是位于永济蒲州古城西南的黄河东岸的鹳雀楼，因有一种名叫鹳雀的水鸟经常栖居于此而得名；又因遏标碧空，倒影洪流，气势雄伟，故有"云栖楼"的别称。

鹳雀楼是蒲州古城辉煌时期的最著名建筑。据载，楼体为三层六面，属堆塔式木结构，

鹳雀楼建于高台之上，楼体高耸。

层层缩檐，角角伸挑，檐上竖木栏杆，楼身外围以棂格糊门，形成随面六楼式绕楼走廊。楼顶与屋檐均用琉璃瓦筑沟覆盖。据考证，鹳雀楼始建于北周，建造者为大将军宇文护。

此楼的建造，主要是出于军事目的。鹳雀楼所在的蒲州城，是古代一个战略要地，建高楼有助于瞭望，从而了解军情。正是由于其重要的军事价值，这座历史名楼成为历代战争的焦点，元初毁于连年不绝的战火。明初故址尚存，后因黄河水泛滥，河

道摆动频繁，故址难觅。2002年，以仿唐形制，鹳雀楼复建完工。

河东书院藏书楼

在运城盐湖区境的河东书院藏书楼，是河东书院的主体建筑之一。它位于书院四教亭后，坐北朝南，平面呈方形，砖石构造的二层楼，底层面积81平方米，二层面积38平方米，有祭祀三晋名贤的神堂，两旁是藏书的房间；楼顶为歇山式仿木结构，通高近7米。藏书楼曾经四周环以池水，名环池，但现已干涸。

藏书楼富藏经籍，以供学子研习诵读。其作为藏书之所，与讲学、供祀合称书院的三大事业。它所在的河东书院，建于明正德九年（1514），后屡遭劫难，自建成至停办，历经

河东书院藏书楼高数米，砖石结构，壁上有精美砖雕。

明、清、民国三代，计423年，曾为当时晋南最高学府。

临晋县衙

建于元大德年间的临晋县衙，又称廨署，是元代临晋县官员的办公场所。它坐北朝南，占地面积1.6万平方米，按廨署建筑之制建造：主体建筑依次排列在南北中轴线上，次要的则分布于东、西两侧。沿中轴线，依次分布的建筑为大门、二门、仪门、大堂、二堂、三堂、上房等，东、西两侧分别为吏警驻在所、戒烟局、银亿库、军用电信局、监犯分驻所等建筑。建筑中，大堂突出，成为整个廨署的主体和核心。这个大堂即临晋县衙大堂，面阔五间，进深三间，单檐悬山顶，柱头卷刹，柱础复盆式，柱头斗拱五铺作。除此建筑外，其他的面积都较窄小，且二堂、三堂属清代建筑。

这座县衙位于临猗的临晋镇境内，这里在元、明、清、民国时皆为县一级地方行政机构所在地，故县衙的使用历史悠久，前后700余年。据载，曾在衙署任职的县尹、知县、县知事达192人，各种职官488人。史载，明末清初，李自成军队曾两次占领临晋，并在县衙发号施令；清末，慈禧太后和光绪帝两度进出临晋，或许在县衙居住过；民国时，部分县衙建筑被当地土匪纵火烧毁。

崔家河墓地

崔家河墓地位于夏县埝掌崔家河村东北部，埝掌河与青龙河之间的一处台地上。墓区东接崔家河水库，北接东下冯遗址，西接埝掌河，南接崔家河遗址，东西宽约200米、南北长400余米。根据墓葬结构和随葬器物的形制鉴定，墓地所属时代为东周时期，应为春秋晚期的邦墓墓地（周代墓地多实行族葬制，分为公墓区和邦墓区。公墓区埋葬国君等高级贵族，邦墓区埋葬平民及中小贵族）。

迄今，已有墓葬500余座、车马坑10余座被发掘。墓地南部为密集小型墓葬，中北部多为大、中型墓葬和车马坑，小型墓葬间杂其中。绝大多数墓葬为土圹竖穴墓，葬具多为一棺一椁，以仰身直肢葬式为主，多为头北足南式。随葬品类型包括礼器、乐器、兵器、车马器及工具等。礼器有铜鼎、豆、壶等；乐器有铜编钟、石磬等；兵器则有铜剑、铜戈、铜矛等；车马器有车辖、车䡇和马衔等；工具有环首刀、铲、锛等。另外还有玉、骨圭和铜贝、石贝、骨贝、贝币以及玉饰等。其中，以铜器最为引人注目。铜器纹饰为云雷纹、蟠螭纹等。根据研究推测，墓中的铜器可能来自侯马铸铜遗址，而侯马铸铜遗址的矿物来源应该是中条山矿。

程村墓地

程村墓地是一处春秋中晚期的大型墓地，位于临猗庙上的程村，地处峨嵋台地南、涑水河西岸。墓地的分布面积达30万平方米，现已发现墓葬220余座，车马坑10余座。据研究，其墓主人可能与当时著名的范、魏、智三家卿大夫之一相关，且来自于当时社会3个不同的社会阶层。

这些墓葬多为长方形土坑竖穴墓，方向多为头北足南，同时分布有不少夫妇异穴合葬墓（也称并穴合葬墓，俗称对子墓，即一对夫妇的墓葬平行排列，两两相对，间距近且大小接近、等级相近）。墓葬中出土的殉葬器物主要是青铜器和陶器，包括编钟、石磬、鼎、舟、车马用具等，分别为礼器、乐器、炊器、兵器、车马器和装饰品、工具、货币等类型。车马坑最大者深2米，长1.51米、宽3.4米，坑内8辆战车首尾相接排成一行，16匹战马并列横排于第一辆车辕之前，场面壮观。这些墓葬中的木质车子遗痕和器物原始位置清楚、完整，与周代礼制相吻合。

晋文公墓

晋文公墓位于绛县卫庄的下村村西，墓高40米，圆形，周长200米。陵墓依地貌而设，犹如突起的山丘，四周围种松柏，墓后岭顶建有祠庙，明代《晋文公墓》纪念碑矗立路旁。这座墓的墓主即是春秋五霸之一的晋文公重耳。在墓地的附近，还有其父晋献公之墓（绛县南樊的槐泉村东岭），当地流传有俗语形容两墓的关系："槐泉的老子，下村的儿。"另外，在磨里镇境内的南刘家村，还有其后裔晋灵公之墓。绛县人统称这三墓为晋国三公墓。

重耳是晋献公的二公子。因受献公宠妃丽姬的迫害，在太子申生遇难之后，他和弟弟夷吾先后出逃。在流亡的19年里，重耳和他的亲信、随从历尽千辛万苦，饱尝世态炎凉，先后到过狄、卫、曹、郑、楚等10多个国家避难，最后成为晋国的国君，并迁都于车厢城。当时他虽已年逾花甲，但雄心未已，经过政治、经济、军事等方面的大力改革，晋国国力日盛。在他执政的9年间，晋国在众多诸侯国中脱颖而出，成为春秋时代的一方霸主。

刖人守囿车

刖人守囿车是出土于闻喜桐城的邱家庄村战国墓葬中的文物，是当时贵族把玩的小物件，或是收藏小饰件的容器，古人称之为"看器"。顾名思义，"刖人守囿"是让受刖刑（砍断受刑人脚的刑罚，仅次于死刑）的奴隶看护贵族园林、苑囿，而刖人守囿车可谓是中国刑罚史上的一件重要物证，迄今为止仅发现此一件。

这件西周时期的厢式六轮车，是用青铜通过分铸法铸造而成的，构思奇特，工艺精巧，可转动的部位达15处。车身通高9.1厘米、长13.7厘米、宽11.3厘米，一个成年人的手掌就可以轻松地将它托起，小部件有6个可以转动的轮子，2扇可以开合的顶盖，由裸体刖人守卫的可以开合的2扇门，以及车盖上立着的4只可以灵活转动的小鸟。据推测，那4只可以灵活转动的鸟应该是中国相风鸟（候风仪）的祖型。在这个器物上，工匠们采用了阴线雕刻、浅浮雕、高浮雕、圆雕、透雕等多种技法，雕出猴、虎、鸟等20多个动物形象。除底纹、浮雕动物图案外，专门镶嵌的立体动物形象就有14个。

这件铜器除了有极其重要

胭人守圂车造型奇特。

的艺术价值外，在中国科技史上也是一件极其重要的实物资料。它的存在，同时说明当时山西铸造业的发达。

枣园汉墓壁画

汉代统治者提倡孝道，社会盛行厚葬，所谓"事死如事生"，故而表现这种墓葬观念的壁画墓与画像石墓流行。出土于平陆枣园村南的汉代墓区的一座砖室墓，即属于壁画墓。其内壁画，就是考古者所称的枣园汉墓壁画。

这座年代为西汉末至东汉初的墓葬，由1个主室和1个耳室组成。壁画在主室内，画面分天空和人间两大部分：天空之景绘于券顶，有青龙、白虎、玄武诸形象，其间有流云，并伴有日、月及其他图案；人间之景主要为树木、人物、房屋等，绘于四壁。南壁绘一辆四轮车，车左一人裸体赤足，转身顾车，手舞长帛；

西壁绘房屋、垂柳及农夫，农夫短衣赤足，右手扶犁，左手扬鞭，驱两黑牛翻田，犁铧露于土外，农夫身后立一人，着黑色长衣，袖手端立；北壁东绘山岭、树木、飞鸟、奔鹿、房屋等，西绘河流、道路、房屋、车辆、挑担者、农夫播种等。其中，在耧播图画面上，有一单衣赤足农夫驾黄牛，用耧车播种，西边渠旁树下蹲坐一人，面向农夫，树枝上悬一鸟笼，当是监督农夫劳动的地主。画像采用勾线填彩法，山石不加皴擦，构图简单，画法朴拙。

画面有地主庄园的城堡，即"坞壁"，是配合"部曲""家兵"等私家武装加强防御的工事；也有地主监督农民从事耕种，双牛牵引耧车和大型犁铧之情景，反映了当时农村生产技术大有改进。这些壁画也揭露了墓主的身份——当是地主阶层。

南堡城堡

南堡城堡是晋南地区现在仍在使用的建于明崇祯年间的一座古城堡，为现存最古老的城堡之一。这座坐南朝北的城堡位于绛县横水的崔村境内，地处涑水河北岸的黄土台塬上，地势北高南低，东西长约250米、南北长不到200米。除了堡门附近能沟通外界，其余三面是深20米、宽20—30米的深沟。位于城堡东北面的堡门高约2.8米、总宽2.4米（两扇）、厚10多厘米，外包200多块铁皮。如果关上"铁皮门"，南堡城堡易守难攻。

历史上，运城地区的居民修堡子有两个时期：一是明末，目的是防李自成的队伍袭扰；二是清末，邻近的陕西发生暴动，不少村纷纷筑堡以求自保。南堡城堡建于明末，按堡门上方所嵌的石匾落款"绛县仇张里崔村庄，崇贞六年二月吉旦"，可确认此堡建于1633年。这座城堡中的民居，多数是土坯房，现仍有居民居住。

柴家坡古民居群

柴家坡村是一片宜居之地，村南500米开外的地方就是涑水河，加上这里为坡地，

南堡城堡和柴家坡古民居群是本区保存较为完好的民居，前者堡墙高大坚固（上图），堡内民居（中图）的墙体极厚；后者布局规整（下图）。

可避免洪水的侵袭。此村的历史或可追溯到新石器时代：在不远处的涑水河畔发现了属于这个时代的古人类活动遗迹。根据村里发现的民国时期的渠规碑记载，早在明初，这里就有人居住，清代时甚至还建成城堡。

如今，柴家坡的古风，见于村中所保留的10多处明清古民居中，特别是保存得十分完整的两处明代民居，人们分别给其命名为1号宅院和2号宅院。1号宅院坐北朝南，四合院形制，占地面积487平方米。现中轴线上仅存正房，两侧有东厢房、东北和西南角门、西厢房和门楼残垣。正房和厢房内分两层，面宽三间，进深两椽，单檐悬山顶；正房前檐下有木构件，厢房前墙和角门均附有砖雕、石雕。始建于明天启元年（1621）的门楼内壁保存有清雍正七年（1729）墨题，内容涉及读书、农耕、医学等多个方面。据梁脊板记载，它的正房和西厢房始建于明万历三十二年（1604），东厢房创建于清雍正四年（1726）。2号宅院坐北朝南，四合院布局，分布面积548平方米。现存正房、东厢房、南房、东北和东南角门，

门楼残垣亦存。创建于明万历四十七年（1619）的正房，面阔三间（11.4米），进深二椽（7.2米），单檐悬山顶，建筑面积82平方米。它的瓦顶板瓦覆盖，房脊饰堆塑牡丹、芍药花叶及人物脊筒，保存较完整。门楼处设仿木砖雕影壁一座，花叶雕饰华丽逼真。

李家大院

位于万荣闫景村的李氏家族大宅院，是由万荣晋商李氏家族几代人修建起来的，所以人们习惯称它为李家大院；又因其家族乐善好施，推行仁义，代代相传，又有"李善人家"之称。它与乔家大院、王家大院并称为"晋商三蒂莲"，素有"乔家看名，王家看院，李家看善"之说。

李家大院始建于清道光年间，由李家第十四代"敬"字辈主持修建，并一直延续到第十五代"道"字辈才结束修建，时间跨清代与民国。大院原有院落20组，房屋280间，现存院落有11组，房屋146间，另有祠堂、花园遗址及田园等，共占地83333平方米。大院中的典型晋南民居建筑是竖井式聚财形四合院，布列有序，层次分明；其建筑

风格，以北方风格为主，部分建筑又吸纳了徽式建筑风格，融合了中国南北两大建筑特色；又因为李家代表人物之一的李道行曾留学英国，娶英国女子麦氏为妻，故建筑又渗入了西洋风格，如藏书楼便是典型的欧洲哥特式建筑，形成了中西合璧的艺术风貌。在建筑的装饰艺术上，晋南汉民族的文化多有渗透，特别是砖雕、石雕、木雕及铁艺等饰品，通过八仙祝寿、渔樵耕读、鱼跃龙门、鹤鹿同春及牡丹、松、竹、梅等艺术形象，处处显示着多子多福、福禄寿三星高照、瓜瓞绵绵、五福临门、松鹤延年、耕读传家、富贵平安等吉祥含义。

李家大院最特别之处，是处处可见的善文化，大院中所立的"善"字照壁四周刻有365个不同字体的"善"字，表示一年365天每天都要行善济世；遍布李家大院的楹联、格言亦大多与善有关……事实上，这个以经营土布起家的家族也确实以行践善：其院所筑之地，为东沟荒地，未侵占民居；经商上，以"信、义、诚、恭、谦、和"为信条……光绪年间，河南、闫景两地遇天灾，李氏父子出资救难……

李家大院规模宏大，外部高墙上为硬山式屋顶，上覆瓦片，屋脊呈阶梯状层层而下（图①）。内部分为数组院落，主要由一经堂（图⑥）、同顺堂（图⑦）、戏台（图⑧，单檐庑殿顶三开间）、祠堂、私塾等建筑组成。建筑风格中西合璧，既有传统的中式庭院（图⑦），又有西方样式的门楼（图⑤）。建筑内部随处可见雕刻精细、造型生动的

⑥

⑦

⑤

⑧

砖雕（图②和③）、木雕（图④）、石雕。这些建筑和构件体现了宅院主人的观念：李家重教育，大院内的私塾和用于藏书的一经楼便是实证；四合院中正且高于两侧厢房，是尊卑有序的礼法观念留下的印记；百善照壁和大院中与"善"相关的物件则体现了李家对"善"的尊崇。

本区主要文化事物

分布示意图

1. 地窑院
2. 四合院
3. 布扎
4. 民间刺绣
5. 西滩拌菜
6. 运城面塑
7. 垣曲炒祺
8. 上头糕
9. 抹红·抹黑
10. 阜底烟火节
11. 舜王祭祀
12. 太阴寺
13. 普救寺
14. 太平兴国寺塔
15. 芮城永乐宫
16. 池神庙
17. 曹公四圣宫
18. 万泉文庙
19. 关公家庙
20. 蒲剧
21. 晋南眉户
22. 弦儿戏
23. 芮城扬高戏
24. 平陆高调
25. 永济道情
26. 垣曲镲
27. 万荣笑话
28. 运城社火
29. 稷山走兽高跷
30. 绛县龙舞
31. 万荣花鼓
32. 匼河古会
33. 扎马角
34. 侯村花船

[翼城县]
2 17 20
马儿岩
舜王坪
山
西
流
阳
河
河
2 3 6 12 20 28 30
绛县
[稷山县]
2 6 20 28 29
[新绛县]
2 6 20 28
万荣县
1 2 4 5 6 18
20 21 27 28 31 33
稷王山
孤山
黄
河
闻喜县
1 2 3
6 8 10
20 21 28
沙
渠
河
汤王山
垣曲县
2 6 7 11 20 26 28
亳
清
河
水
涑
涑
2 4 6 20 21 28 33
临猗县
2 6 8
20 22 28
夏县
2 6 9 14 16
19 20 21 28 34
运城市
（盐湖区）
白
沙
河
泗
交
河
鲁山
条
解池
锥子山
水
河
永济市
2 6 9 13 20 21 25 28
雪花山
中
1 2 6
20 24 28
平陆县
1 2 3 6 9
15 20 23 28 32
芮城县
北
地级行政单位
区/县级行政单位
[ ] 行政中心不在本区域的区/县级行政单位
山峰

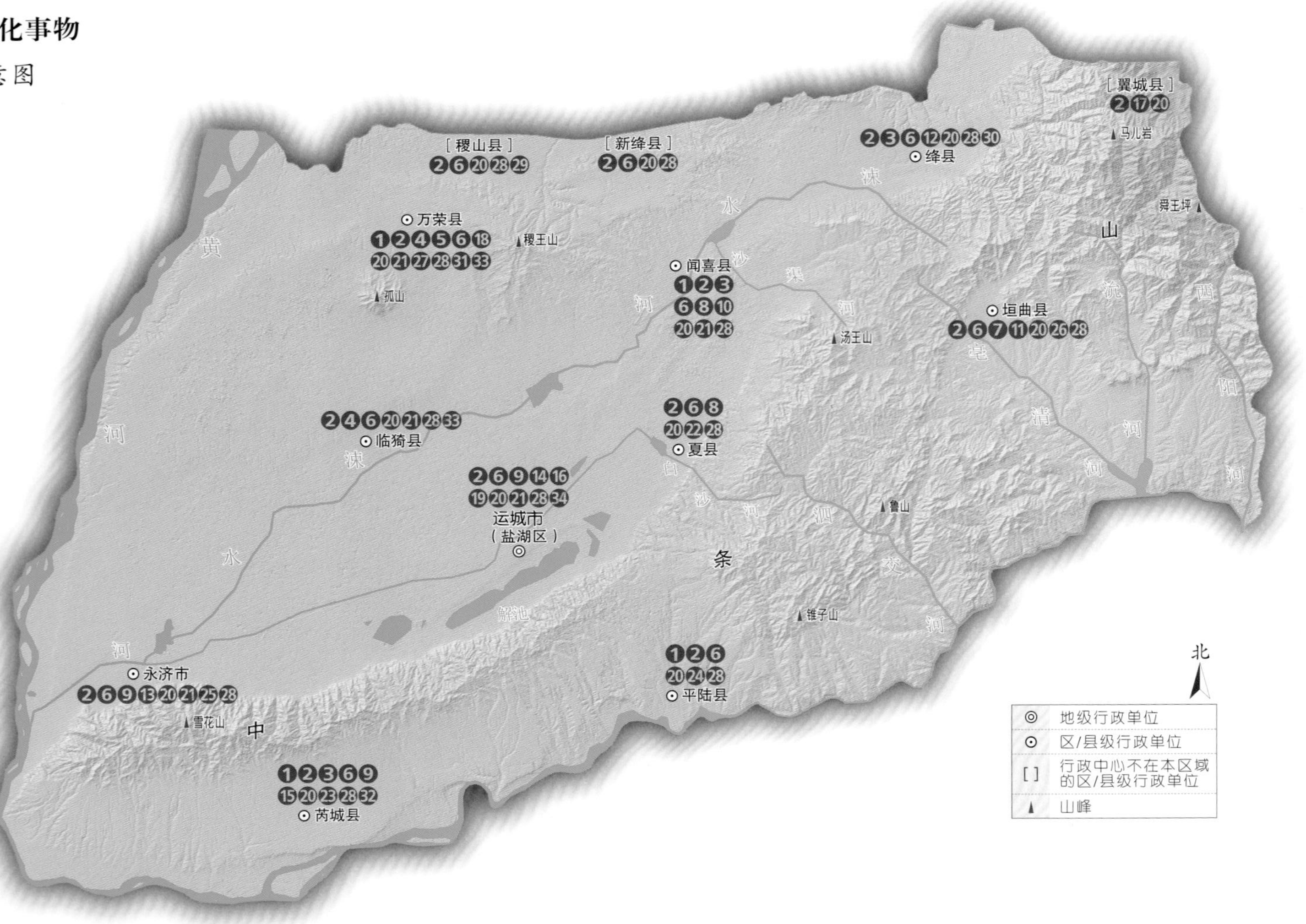

河东人

河东，顾名思义，即河水以东。这里的"河水"特指黄河，"河东"即黄河以东。它起初是一个方位名词，指以运城盆地为核心的区域；秦汉之后，则成为行政区划的名称，尽管其范围随时间而有所游移，但作为核心区的运城盆地区域未曾改变，故本书所提的"河东"，即指今运城区域；河东人即专指自古以来居于此区域的人们。

河东是历史学家眼中的"中华民族根系中的直根"，传说中"尧都平阳，舜都蒲坂，禹都安邑"，据说就发生于此；在历史长河里，这里名人辈出，战国时代著名的政治家张仪、三国时期名将关羽、唐代诗人柳宗元、宋代宰相司马光等均诞生于此；还有以裴矩为代表的闻喜裴氏家族等。同时，作为晋商的组成部分，发迹于盐池的河东盐商在元、明、清时代蜚声中国。

如今，居于运城盆地的河东人，多是山东、河南等地移民的后裔。他们的先祖或通过军屯，或通过民屯及逃荒至此地安居，特别是在清光绪年间的"丁戊奇荒"后。移民来此后，或形成自然的移民村落，或与当地土著杂居，或者在土著村落的边缘落籍成村。在长期的共同生活中，这里的人们逐渐形成一个共同体，说的是中原官话（汾河片，也称晋南语），以种植小麦、棉花等为主，区别于以种植玉米为主的太原人。人们的饮食以咸香为主，偏于清淡，主食为面食，民间有关公崇拜之俗。

会子

会子也叫"会"，是流传于临猗、万荣黄河沿岸的民间结社组织，历史久远。这样的组织以窝论，一窝会子的人数不定，从十几人到二十几人都有。会子里面有会首，或是公推，或是轮流担任。同一窝会子由同村意气相投的同龄人组成，见面时不能称名道姓，而是互称"会仗"。而不同年龄的人又组成不同的窝，若一家有数个男人，家中就会形成几窝会子。他们的妻子参与其中，称"会婆婆"。

在这里，会子这样的结社组织比宗族关系更显紧密。入会子后，彼此就是弟兄。因此，同个会子里的成员如果有事，各位弟兄一定会倾力帮助，不论贫富，不管身在何方。当会子成员家中有事的时候，事主会启动会子，但选择老辈还是小辈的会子，老大还是老二的会子，则视情况而定。比如红白事，会子弟兄都会义务帮助，干最脏最累的活，且礼金也会比不是同会子的多几倍。春节期间，会子中的兄弟相见，会首则会摆上宴席请吃，即"吃会子"。

临猗、万荣黄河沿岸的民风淳朴，人们重感情，讲义气，彼此之间相处真诚，视他人事为己事，这可能就是会子形成的基础。

地窨院

地窨院又称地坑院、地窑院、天井窑院、下沉式窑院等，是黄土高原特有的居住形式，为深入到地下的院子和窑洞。它是由黄土丘陵区的土窑洞移植到平原地带的汉族民居形式，人们白天在地面劳动，晚上到地下休息，是典型的农耕文明的产物。

地窨院大的有几百平方米，小的也有几十平方米。建造时，先在平坦的地上挖出一个像天井似的深坑，形成露天场院，然后在坑壁上掏出数个窑洞，接着在院角挖一条长长的门洞，门洞的最上端是院门。一般向阳的窑洞用来住人，而

地窨院（上图）和四合院（下图）是本区民居的主要形式。

四合院

四合院是典型的封闭式院落，它的四周由房屋的后墙和围墙包裹着，一般不朝外开窗，大门一关就是一个与世隔绝的独立体。运城地区的民居以四合院为主。这里传统的四合院形式多样，典型的四合院中有正房与门房（南房，亦称倒座）各5间，还有3间厢房。2个四合院串联叫"二进院"，俗称二串；3个四合院串联称"三进院"，俗称三串；多的可以达到五进、六进。此外，四合院还有其他布局，比如"五花全梅"，即一户人家有5座四合院，主院居中，其余四院分别分布在主院的4个角上的样式。历史上，家境殷实的人可以并置多所四合院，比如万荣的李家大院。

运城地区的四合院还出现了一种特殊的房屋式样——单坡房。为了节约空间，在建相邻的院子时，院与院之间没有留空隙，通常是两个相邻人家的房子（同样是单坡）背靠背，共用一面山墙，房脊高高瞰起像一条尾巴，故单坡房亦俗称"瞰尾"。

侧窑依不同用途可分为储存窑、牲畜窑、茅厕窑等。窑洞中的人居也讲究尊卑：老人住向阳的北房，儿子则住东房、西房。地窨院里一般掘有深窑，用石灰泥把窑壁抹好，用来积蓄雨水，供人和牲畜饮用，这样也达到排水的目的，同时，为防止降暴雨时雨水灌入窑洞，多数在窨院的门洞下还设有排水道。窑洞上的地表多为打谷场，用作粮仓的窑洞，有直通地面打谷场的长洞，以方便晒干的粮食入粮仓。

运城地区的闻喜、万荣、平陆、芮城等地皆有地窨院，尤其以平陆的最具特色。其藏于地表下，当地流传着这样的民谣："见树不见村，见村不见房，窑洞土中生，院落地下藏，平地起炊烟，忽闻鸡犬声，绿树簇拥处，农家乐融融。"其中展示了人与自然的和谐之景。

布扎

所谓布扎，是以丝绸和棉

布为主料，辅以丝线、小布料、刺绣等作装饰，内部装填锯末、谷糠、棉花或香草等制成工艺品的工艺，也代指用这种工艺制作而成的工艺品。它是流传于晋南的民间艺术，在河东一带，则以绛县、闻喜、芮城三地的闻名。

利用布扎工艺，可以制作出可爱的小动物或其他样式，给儿童的衣服作装饰，或者作为青年男女的定情信物。当地孩子满月时，要穿的猫娃鞋、虎头鞋、虎肚兜、虎帽、虎暖袖、虎围嘴等，戴的狮子帽、猪娃帽等，都出自布扎。

布扎工艺品中，以布老虎最为出色。其成品，从形式上有单首虎、双头虎、虎与鱼、虎与蛇、虎与蟹、虎与蝶、虎与猴、虎与龙等合体，款式多样，并且饰以红、黄、橙、黑等颜色。这样的布扎可供幼儿玩耍，也可以用作枕头。布扎多虎形，与当地"家有狮虎、平安幸福"的民俗有关，也寄托着长辈们辟邪、保佑儿童健康成长的美好愿望。

民间刺绣

晋南民间刺绣，在运城临猗、万荣等地较为普遍。这种传统的刺绣技艺往往是通过家传、互相之间的交流得以延续，由此成为本区女性一项重要的艺术活动，乡村居民衣服的领口、袖口、裙边、披肩、帽子、鞋袜、围嘴等，以及生活用品的帐沿、被面、桌围等，多用刺绣作装饰。

这些地方的刺绣，图案多是民间所喜闻乐见者，如孔雀开屏、喜鹊登梅等。另外，诸如人物、山水、瓜果、蔬菜、动物等，也被经常使用；在色彩运用上，采用强烈的对比色，底色为大红大绿或大蓝大黑等，纹样则使用淡雅的颜色，使绣品形成鲜明的对比；刺绣的针法，主要有斜针、平针、散针绣、打子绣、套扣绣、盘金绣等。不同的内容采用不同的针法与风格，是民间生活情趣的反映。

事实上，刺绣在包括河东在内的晋南地区出现历史较早。绛县横水的西周墓葬中出土的10平方米以上的荒帷，是目前中国发现最早、面积最大的墓内织绣装饰图案实物，证明本区刺绣的历史可追溯至西周。但受种种原因影响，晋绣没有进入宫廷刺绣体系，只是民间妇女的活计，未能跻身于名绣行列。

以面食为主

南方人爱吃米饭，北方人更喜面食。就吃面的方式而言，山东人更爱打饼，而山西人更爱吃面。不同于北边忻州的高粱面食，在本区，人们以吃小麦面食为主。此外，高粱面、莜面、荞面、黄豆面、豌豆面、绿豆面、玉米面、小米面

本区人们爱吃面食，久而久之形成了多样的面食种类，如饺子。

等五谷之粉，亦是无所不用。面之成品包括面条、面片、馍馍等，做法是或剔或揪，或擀或吐压，或拨或擦，成品有长有短，有宽有窄，包括刀削面条、桃花面、空心面、擦饹豆、龙须面、拉面及拇指宽的板面等；制法也有很多种，包括煮、炒、炸、焖、蒸、煎、烩、煨、凉拌、蘸佐料多种烹调方法。

当地人吃面食时，讲究配菜码和小料。菜码是吃面时配备的各式佐餐菜料。菜码品种以季节鲜菜为主，在调制方法上有淡味面码和复合味菜码之分。淡味面码一般不加调料，以保持蔬菜本鲜为主，如白菜丝、莲菜丝、黄瓜丝、菠菜梗等，多作为盖浇类、凉拌类面食的佐餐品，与面食合拌食用；复合味菜码则主要突出调味品的鲜香，如蒜泥豆角、珊瑚黄瓜、芥末白菜、酱油茄子、金钱莴笋、糖醋萝卜丝等，多作为炒面、焖面、汤面等佐餐的小菜。此外，葱丝、蒜瓣、香菜、韭花、辣椒油、糖蒜、醋等小料也要随面上桌供客佐食。

"不吃馍馍不叫饭"

"出门三件宝：馍馍、草帽和棉袄"是本区居民耳熟能详

的俗语。其中提到的"馍"，是面食，属于馒头类，包括蒸馍、烙馍、油馍（油炸而成）、煎馍等。对当地人来说，馍馍是一日三餐必备的食品，有"不吃馍馍不叫饭"之说，当顿无论是吃面条，还是吃饺子，都必备一盘馍馍于桌上；无论之前吃了什么、吃了多少，只有最后几口馒头下肚，一顿饭才算圆满。馍馍成为当地餐桌上的主角，或许与本区盛产优质小麦相关。

馍馍在当地有多种叫法：早晨，先吃几口馒头垫饥，叫"晨馍"；下地干活儿，带个馒头叫"半路时馍"；早饭和晚饭时吃的馒头是加热过的，叫"软馍"；午饭时与面条配着吃的是不软不硬、蒸熟后没有馏过的"酥馍"；切片晒干的馒头片，叫"干馍"；无碱馒头

叫"无碱馍"……吃法也多样：炒的叫"炒馍"；切碎的馒头与蔬菜拌一块蒸熟吃，叫"拌馍"；馒头与炒菜烩到一块吃，叫"煮馍"……其中又以馍夹菜最为流行。顾名思义，馍夹菜即是将馒头掰开，然后包夹菜（包括肉）进行食用。由于馍夹菜形似国外流行的汉堡，所以当地人俗称其为"中式汉堡"。此外，羊肉泡馍、"三倒手"硬面馍都是当地馍中的名品。

与日常饮食中"顿顿不离馍"相对应，在当地的民俗活动中，几乎"事事不离馍"，如在婚丧嫁娶、生儿育女、走亲串友等活动中，用面粉精心加工成的礼馍扮演着不可替代的重要角色。所谓礼馍，即面塑，也称花馍，是制成包括动物在内的各种形象馍。其有大

馍馍是本区人们一日三餐中必不可少的食物。

馍，也有小花馍。大馍重可达两三斤，特殊用处的则更大，"晋南十大怪"的"馍馍像锅盖"，说的就是这种大馍；小花馍在喜庆、丧葬等活动中是大馍的补充和搭配。

"不炒辣子不算菜"

运城地区产辣椒，当地人亦嗜辣，管辣椒叫"辣子"。当地流传的俗语"不炒辣子不算菜""光吃辣椒不吃菜"，道出了人们的餐饮习惯：每顿饭都离不开辣椒，而且甚至以辣椒代替菜，或者说是把辣椒当菜吃。

"辣子"并不指鲜辣椒，更多的是指用油浸炸过的油辣椒，当地人称之为"油泼辣椒"。运城人最享受的吃法，就是将其涂抹在馒头上食用，并对这样的味道美其名曰"油泼辣椒美太太"。此外，人们还有多种食用辣子的方法，比如炒菜时，在菜肴里放适量的辣椒，如有名的闻喜辣子菜；在辣椒收获的季节，则将生辣椒就饭食，等等。

西滩拌菜

这是一种万荣的传统农家菜肴，流行于万荣西滩一带，故称。因是多种原料合在一起

制成的，也称"拼菜"。做法是以大葱、芹菜、白菜为原料，将面粉、盐和调料粉放入切好的菜中，上下搅匀之后盛入盘中，再用面粉拌匀粉条和肉片，铺在菜上，蒸熟后即可食用。它的主料还可以根据季节不同而变化，豆角、芹菜、白菜、生菜、韭菜都可以入菜。

在物资匮乏的年代，拌菜是当地人的过年菜，蒸好后，放在阴凉的地方储存，可以吃上好几天。现在，拌菜则成为人们招待客人的必备菜肴。传说，此菜与秦王李世民有关：他当年出兵孤峰山讨伐薛万彻，渡黄河后，人乏马困，当地人即采集河滩野菜，并混以家中所存的各种杂粮，做成犒军晚餐。此后，这种烹饪方法留传下来，并经改良而成今日之式。

米祺

垣曲人称面条为"祺子"，而米祺就是主要以小米和面条混在一块的饭食，又叫杂饭，是垣曲人的看家饭。之所以说米祺是"杂饭"，是因

米祺以小米和面条为主，搭配其他作料蒸煮而成。

为它所使用的原料多：以小米、白面、杂豆面条为主要食材，并辅以黄豆、小豆、玉米、花生豆、南瓜、豆角、红薯、土豆等，然后并于一锅煮熟，因而人们又把它叫作"和子饭"。由于原料较多，有增减的空间，因此，米祺在各户人家风味各有不同，往往十家米祺十个样，并没有统一的制作标准。

米祺稠稀适度，清淡、香甜，无论吃荤的人还是吃素的人，食之都能刺激胃口，增加食欲。劳动者早晨吃了米祺，在田地里劳动，不易干渴，故而深受当地人喜欢。米祺出现于垣曲，并成为这里居民的看家饭，这与它的地理环境不无关系。这里地处中条山区，小麦产量少，但五谷杂粮多，人们于是粗粮细做，进而将其发展成为一道健康的乡间美食。

运城面塑

作为山西主要的产麦之地，运城地域的居民，除了以麦面满足口腹之欲，还与民间艺术相融合，发展出当地闻名的"面团艺术"——面塑。

所谓面塑，俗称面人、面羊、羊羔馍、花馍等，是以上等的白面为原料，经过揉面、造型、笼蒸、点色等手段，塑造诸如人物、动物、花卉、翎毛、瓜果等形象。这点与泥塑相类，只是所用材料工艺有所不同，面塑以面为主料，泥塑则以黏土为主料。

按用途的不同，运城民间面塑主要有花馍、礼馍两类。花馍是配合岁时节令祭礼或上供的馍，包括"面花""枣花"等。平陆、芮城一带的农村，每到春节前都会蒸"枣花"(当地人亦称其为"枣山")，以供奉灶君爷；清明节时，则做"燕花馍"，既是扫坟祭礼的用品，也表示春燕飞来，阳光明媚；而五彩斑斓的丧葬"面狮"花馍，则表达了人们对亲人的哀思……在花馍的制作和造型上，不同地区有不同的风格：平陆、芮城、永济、临猗、运城等县市制作的花馍，简练粗犷，造型夸张，憨态可掬，既可以欣赏，又可以食用；新绛、稷山、闻喜、夏县、万荣等地制作的花馍，制作精细，巧夺天工，有很强的观赏性。

礼馍，则是伴随诞生、婚嫁、寿筵、丧葬等人生仪礼而制作的馈赠物品，包括花馍馍、龙凤糕、寿糕花馍等。在运城，每当婴儿满月时，姥姥家都要蒸又圆又大、中间空心的花馍馍，俗称囵囵、项圈馍，用红包袱裹起来，赠予亲戚乡里，寓意人丁兴旺；龙凤糕则是一种喜庆礼品，闻喜、夏县农家在举办婚事的时候，新郎家到新娘家娶亲时必捎上上头糕；给老人蒸的寿糕花馍，有9只造型优美的狮子簇拥在一朵怒放的菊花周围，寓意九世共居……

垣曲炒祺

色黄、焦脆、爆香可口的炒祺，也称"祺子豆"(相邻的长治人则称之为"祺炒")，是

运城面塑即把面团塑成各式造型，既可欣赏，又可食用。

垣曲的传统面食之一。据说，它的存在历史有数千年，是当年舜留给当地的遗产。它是当地人过"二月二"节庆的必备食品。在与大自然的相处中，垣曲人还发现了炒祺独特的功用，即对肠胃疾病具有保健作用。因此，只要有亲人外出，家人都会炒制一袋炒祺供其食用，以防其在异乡水土不服。

垣曲炒祺外形呈小疙瘩状。

炒祺制作的特殊之处在于，它是用土——当地独有的"观音土"（白土）炒制出来的，带有强烈的乡土气息。制作炒祺的主要原料包括石磨面粉、农家土鸡蛋、白糖、芝麻、食用油。将这些原料混在一起和成面团，然后擀成圆饼状切长条，再切成小疙瘩，最后与在锅中加热的"观音土"混炒即成。人们可以根据自己的口味制作不同的炒祺，比如鸡蛋炒祺、芝麻炒祺、麻辣炒祺、花生仁炒祺、核桃仁炒祺等。

上头糕

所谓上头，一般是对新婚女子梳头、开脸、化妆、穿戴的统称，这里代指新娘出嫁。流行于中国北方地区传统婚俗中的上头糕即因此而来，是为新娘出嫁准备的礼馍。在本区中条山中北段的闻喜、夏县等地，上头糕在婚俗中非常重要，代表着新郎家对婚姻契约的证明。这里的女子一旦"上头"，就意味着已经嫁做人妇，不得反悔，故结婚当日，新娘只有见到上头糕以后，才可以进行梳洗、打扮等一系列活动。由此，当新郎到新娘家迎新娘时，必须捎带家里制作好的上头糕。

上头糕的形制为圆形，似一般的生日蛋糕：用云纹裹红枣叠成半尺厚的基座，象征着早生贵子，再把面塑的莲花盘覆其上，插上十二生肖、花、果、男女人形或龙凤形象，其中十二生肖以及男女人形寓意夫妻白头偕老。等到新娘准备随新郎离家，新娘母亲就会把上头糕的根部切下来，让一对新人带走，寓意女儿应在婆家扎根，剩余的上头糕则被切成片分送给家族的人及邻居，表示喜鸟儿飞远了……

哭嫁

古人称"女儿出嫁"为"于归之喜"，用"归"字表示夫家才是女子的最终归宿，理应是喜庆之事，但哭嫁婚俗却流行于中国大部分地区。民俗学家认为，这同远古时的抢婚有关，是由女子被掠夺时的哭诉演化而来的。

在运城盆地，亦有哭嫁之俗。不像湖南湘西的新娘是在出嫁前夜与众姐妹及父母之哭，这里的哭嫁之哭，是在新娘上轿时，民谚谓"女儿哭一哭，娘家富一富"。若新娘上轿时不哭，娘家就不兴旺。遇新娘不哭的，娘家人还会佯装要打的样子，让新娘哭出声来。新娘的母亲、女友与家族中的女眷，一般会陪哭。这并非只是迷信使然，也不是乐极生悲，更多的是一种真情流露。一方面，新娘自幼生活在父母身旁，骨肉情长，乍然面临分别，念及昔日恩情，心中感激，情不自禁；另一方面，新娘即将结束无忧无虑的少女时代，成为人妻、媳妇，对未来生活自然产生担忧与不安。如果对婚事不满意，感到委屈的，更要借题发挥，大哭特哭一场。不过在今天，这一习俗已发生转变，尤其城镇一带，

本区部分地区仍保留着传统婚俗。上图分别为：新郎的父母抹红抹黑；新郎的亲人拿着"旺火"围着新郎新娘转三圈，祈祷新郎新娘平安幸福；新郎一手拿着镜子，一手用结有同心结的红绸子牵着新娘子回新郎家。

人们开始认为新婚日哭泣是不吉利的。

抹红·抹黑

在运城、永济、芮城等地，流行着一种奇特的风俗，就是婚嫁和生育中有抹红和抹黑的习俗。所谓的抹红、抹黑，即往人脸上抹红彩或炭灰。结婚时，男方的父母会被抹红或抹黑；在有了孙子后，孩子的爷爷、奶奶亦要接受抹红或者抹黑。一般而言，抹红或抹黑，都是趁被抹者不在意的时候抹上去的。给人抹红、抹黑者，都是同辈人，晚辈人则是被禁止的。无论是抹红还是抹黑，都有着开玩笑、添彩、增加喜庆的意味。

这种习俗是远古风俗的遗留。上古时代，人们对大自然缺乏认知，且害怕魔邪，故而以红、黑之色抹脸，掩饰自己并借以恐吓可能会伤害自己的鬼神，其用意是辟邪驱魔，是一种信仰民俗，在中国的汉族及其他一些民族中都有存在。

合龙口

合龙口是黄土高原地区在民居窑洞即将建成时常举行的庆典仪式。窑洞即将完成时，工匠会在窑顶最中间的窑洞拱旋中央留下一个小缺口，即龙口。举行仪式时，只要将事先预备好的一块合龙石往缺口放好，新窑就算砌成。在本区靠近黄河岸边的山西与陕西对望的农村中，窑洞是一种常见的民居，因此合龙口仪式常见。

合龙口的仪式源远流长。旧时的人出于迷信的考虑，怕有邪气冲犯新居，要把小动物的心脏放入事先在龙口凿就的小洞内，祭祀神明，以驱邪辟祟，保佑平安。后来则发展到在合龙石旁悬挂有关信物，比如一个装有五谷的红布袋，以及五色布条、五色彩线等。寓意是祈求福星高照、家庭和睦、六畜兴旺、五谷丰登、衣食丰足。

合龙口的日子，一般选在吉日的正午12点，时辰一到，老石匠和窑洞主人要登上窑顶，把预备好的合龙石嵌进龙口，挂上相关信物，然后燃放鞭炮，有的人家还会雇上一班鼓乐手吹打一阵；围观的人们叫着"合龙了"，主人家于是把米斗里的小馍馍、硬币、糖块、红枣撒向人群，人们称之为"撒粮馍"。新窑门上，一般会贴上写有"合龙大吉""四季平安"等字样的楹联。随

后。窑主会设宴款待修窑的工匠们，并在新窑内鸣炮奏乐，直至夜尽而散。

阜底烟火节

以"董父豢龙"故事闻名的闻喜阜底村，还有一个活动是村庄的狂欢节，即每年正月二十的"烟火节"，它与"水故事"一起，以水、火相合的方式演绎出村庄的历史与文化。

相传，烟火节起于元代董泽书院即丰公祠的创建。它令阜底村誉大振，自豪的村民施放烟火以示庆祝，于是沿袭成俗，至今已有数百年。这一天，村人会祭祀董父、赵鼎、火帝真君，祈求人丁兴旺、五谷丰登。同时，村人沿村路设置彩门、牌楼、照壁、碑铭、龙门、火杆以及瓜田、果园等烟火名目。白天进行敲锣鼓、遭神马、舞龙狮、跑旱船、踩高跷、找抬阁、推小车、扭秧歌等社火表演。晚间，节日进入高潮，村人施放烟火，于是火瀑流淌，礼花腾空，火树银花……

六月六，走麦罢

每年农历的六月初六，收割完麦子的新婚夫妇带着用新

麦面做成的几斤重的大月形角子馍和其他礼物回女方家探亲，这就是所谓的"走麦罢"，它是包括运城盆地在内的晋南地区特有的习俗。究其原因，这个习俗植根于农耕文化的土壤上：运城盆地是山西的主要产麦区，每年六月初六前后，小麦就收割完毕，处于农闲阶段，是探亲的最佳时期。

在乡村，走麦罢是一个喜日子。女婿、女儿到了女方家之后，自然少不了一顿丰盛的招待。按惯例，丈母娘招待女婿要做七八样菜，主食一般是烙饼、凉面、凉粉或蒸馍，临走前还让吃"烙旋"这种烤制的面饼。有特色的是，在万荣，丈母娘会请女婿吃带椒叶的五色煎饼，取意女娲炼五色石补天，希望自家女儿能像女娲一样精明强干。万荣一带还规定娘家人在当天不能跟女婿翻脸，给女儿送的馍里面要夹碎肉，蒸熟后必须裂开口，称为"张口馒头"，象征着女儿会早给婆家生儿育女，增丁添口。同时，母亲还要给新出嫁的女儿送甜瓜等食品及竹帘、凉席、雨伞、蚊帐等夏令衣物。在夏县、解州一带，丈母娘招待女婿，以"胡饼"为佳……

"六月六，走麦罢"之俗，

与民间传说中春秋战国时的晋卿狐偃有关。狐偃气死了亲家赵衰，赵衰之子即狐偃的女婿心中生怨，并计划在农历六月初六狐偃过寿之日将其刺杀。其妻探知此事，连忙赶回娘家报信。在外工作的狐偃得知女婿要刺杀自己的消息，不但不责怪，还主动向女婿请罪，于是双方和解。以后每年六月初六，狐偃都请女儿、女婿回家团聚。此事传到民间，百姓争相仿效，于是逐渐形成了走麦罢的习俗。

舜王祭祀

舜是中国上古五帝的最后一位，是传说中父系氏族社会后期部落联盟领袖，因建国于虞，故称为虞舜或有虞氏。传说他曾在历山一带活动（史载的"耕治历山""捕鱼获泽"），今天属于历山范围的垣曲的诸冯山、历山、同善村和神后村等地还存有传说中的遗迹。舜因大治天下为后人所敬，故而在此形成以他为主角的祭祀活动。

相传，运城一带的祭舜活动起源于汤、周，盛于秦代。开始祭舜时并无正式的场所，后来祭拜时，统治者令工匠在历山脚下负夏城南（在今

垣曲历山镇境）盖起5间坐北朝南的舜帝庙，塑了一尊舜帝像。据史载，历代都有重修舜帝庙。按照中国传统的信仰习俗，有庙宇就有香火，就是祭祀之地，舜帝庙因此成为传统社会官方公祭大典和民间庙会活动的重要场所。因舜生于农历的三月二十六，这天便被定为祭舜日，也是舜帝庙的最热闹之时。明清时期，舜王祭祀活动已臻于成熟。据载，明代中叶，诸冯村（今宋家湾）等十几个村庄，选出近200家出资者修缮舜帝庙，并代表帝舜故里百姓，抬着整猪、整羊、鱼、鸡、鸭、面食、水果等祭品，到舜帝庙举行祭祀大典；在民国以前，官府还免除庙宇附近8个村庄的粮赋差役，以保证祭祀费用。在官方的推动下，舜王祭祀活动非常隆重，在祭祀大典的前几日，人们便陆续来此祭拜，酬神唱戏；大典之日，参与者更达数万之众。后来，这样的祭祀活动还发展出物资交流的情形。

在运城盆地区域，除三月二十六的祭祀外，民间还有许多祭祀舜帝的活动，如运城民间以前在农历二月初二和九月十三要为舜王和关帝唱戏，在每年的农历民间祭祀活动

中，其中有一项仪式是关公拜舜王；逢年过节，周边的百姓都自发地到舜王坪烧香磕头，求舜王保佑风调雨顺，五谷丰登，人畜安康。平日里，人们遇灾受难，也都会到舜王庙烧香磕头，祈求平安顺利。如今，这样的活动已不多见。

禹王祭祀文化

禹，名文命，亦称大禹、夏禹、戎禹，与尧、舜同为传说中的古圣王。禹受封于夏，因此他的部落叫作夏。其都安邑，相传位于今天的夏县禹王城遗址，地处陕、晋、豫三省交会处。大禹因平治洪水有功，受舜禅让为部落首领，后传位于子启，启建立了中国历史上第一个奴隶制国家——夏朝，从此开创了中国君主世袭之制。数千年来，围绕大禹衍生出了丰富的传说，加上唐宋时期，禹庙祭祀列入国家祀典，运城盆地的禹王庙受此影响，由此形成独具特色的大禹祭祀文化。

在运城民间，人们视大禹为治水英雄，称其为河神。有神则有供奉的庙宇，在山西沿黄河一线，就分布着诸多河神庙，供人们适时奉祀。而祭祀最隆重的地方，当数禹王城的

禹王庙（今夏县禹王村有清代修复的禹王庙）。这里是传统社会官方公祭大典和民间庙会活动的重要场所。每年农历三月二十八，人们赶庙会、打锣鼓、跳舞蹈，举行盛大的祭祀活动。此外，人们有感于禹的大臣后稷和伯益的贡献，在万荣、新绛分别建稷王庙、稷益庙进行供奉。

后土信仰

后土，在古代指地、土神，掌阴阳，育万物，被称为大地之母。人们认为天地能主持公道，主宰万物，故后土常与皇天一起被称作"皇天后土"或"后土皇天"。从这个词语可以看到，后土是相对皇天而言的，一地神一天神。一般而言，"皇天"指伏羲氏，"后土"指女娲氏。中国自古就是一个农业大国，而土地是农业之根本，人们赖于地、亲于地，并加以美报和献祭，从而形成了后土信仰。

在中国传统社会中，无论官方还是民间，都有深厚的后土神信仰。

运城所在的晋南被认为是后土信仰的重要发源地。汉武帝曾建后土庙于河东汾阴睢上（今万荣庙前村北，这里所存的汾阴后土祠，是中国最古老的祭祀后土女娲氏的祠庙），并亲往礼拜。在他的推动下，后土之祭成为国家之祭。民众也感激负载万物的大地而去跪拜，由此形成信仰的传统。即使到今天，运城盆地地域还存有许多后土庙，后土崇拜仍存于民间。

在民间信仰中，后土娘娘也是专司人间生育的神，故向后土神求子成为后土信仰的具体表现之一。运城盆地乡间存在"拔花求子"的习俗，即结婚当天，新婚夫妻结伴到后土祠上香求子，并拔下后土神像前被风吹动的花蕊，以为

汾阴后土祠（如图）始建于西汉，说明后土信仰在本区历史悠久。

这样灵验；另外还有偷拿后土神像前的小鞋求子之俗（在运城，"鞋"与"孩"同音）。

关公崇拜

在中国传统文化史上，生活于东汉三国时代的武将关羽被定义为"忠、义、孝、勇"俱全的道德楷模，被誉为"武圣"，与创立了以"礼""仁"为核心的儒家学说的"文圣"孔子并列。这样的地位，有一个神话的过程：隋代的时候，他已被视为驱鬼邪的凶神，初列于民间诸神中；至唐代，则成为佛教寺院的护法神；南宋时，由于佛教徒的推动和统治者的加封，他由凶神而变为天人共戴的神仙，其"义绝"的形象妇孺皆知；到了明清时代，统治者对关羽的封谥臻于顶峰，他也由此成为威震三界、与皇帝平起平坐的帝君，对他的祭祀也成为国之祭。由此，关公崇拜流传下来，在民间经久不息，还随华人流传于海外。作为神，其形象多变：在商界，为财神爷；在平民百姓间，为护民伏魔尊者；于宗教界，是佛、道两教护法神；在民间团体、帮会组织中，则是义气的象征。

关羽，字云长，本字长生，

受益于解池的盐资源，山西商人由盐业发家，最终成为经济实力雄厚的地方性商帮。出于经商中遇到艰难险阻的心理庇护需要和规范商业行为的目的，晋商将"忠、义、孝、勇"俱全的关公奉为神，形成独特的关公信仰，境内

广建关帝庙。而运城作为盐池的所在地和关公的出生地，关公信仰更是渗入当地。图为关公巡城活动，人们抬着
关公神像巡城，场面蔚为壮观。

祖籍河东解县宝池里下冯村，也就是今天的运城常平。比起其他地方，运城当地人对关公的崇拜，更具地方特色。在这里，关公崇拜的传播，一定程度上依赖于民间传述的关公故事，比如关羽打败蚩尤、恢复盐池生产的故事，以显圣的形象成为人们关公信仰的主要组成部分；而他的"义"，则影响了当地从盐商发家的商人，人们以"买卖不成仁义在"作为经商的信条，由此关公信仰进入商界。作为关公信仰最明显的表达，是当地建有多座祭祀关公的关公庙，著名的如解州关帝庙。每年的农历四月初八，人们都要举办关帝巡城的活动，参与者众多，人们皆渴望以自己的虔诚，感动关帝，并借助其神威与法力驱鬼除魔，保佑自己。

太阴寺

太阴寺位于绛县卫庄的东华山脚下。这是一座古老的寺庙：始建于佛教空前发展的北魏时期，在北周、唐、金、元时代曾有过大修。庙宇突破常规坐南朝北而建，属于阴向，故称太阴寺。整座寺庙分前、后两进大院：入山门为前院，左、右分列着四大天王；东殿供奉地藏菩萨及十殿阎罗，西殿则供着观音菩萨及十八罗汉；与山门相对的则是北殿，东供奉佛教护法神关帝圣君，西是为山神、土地，正中间的高台子上端坐着笑容可掬的大肚子弥勒佛。穿过北殿，即为后院，也是正殿（南大殿）所在。

事实上，太阴殿的辉煌都集中在南大殿。这座建筑面阔五间，进深六椽，单檐悬山顶。前檐有"大雄之殿"木匾，为北宋元祐元年（1086）镌刻。大殿建筑风貌为金代遗构。殿内供奉有中国现存最大的一尊金代独木雕成的卧佛，长3.5米、宽1.5米，为释迦牟尼涅槃卧像。

这里也是《赵城金藏》（现中国国家图书馆的镇馆之宝）的主要雕印地。《赵城金藏》是以中国第一部宋代木刻版汉文大藏经《开宝藏》的版式为标准，刻板刷印的一部大型经藏，共6980卷。因其雕印于金代，发现于山西赵城县（今山西临汾洪洞）广胜寺，故定名为"赵城金藏"。按寺内所存的《雕藏经主重修太阴寺碑》记载，此部藏经雕印的发起人是尹矧乃，并在太阴寺住持慈云（尹矧乃的弟子）及其门人法澍、法满等主持下完成雕印，其弟子崔法珍（广胜寺主持）则向朝廷献了所雕藏经。同时，碑文还显示，太阴寺是金元时期中国佛教文化重要的传播中心。

普救寺

普救寺虽为佛教寺庙，却以一则爱情故事而闻名，著名元代杂剧《西厢记》中说的

太阴寺内的卧佛神情肃穆。

普救寺内的树上挂满了用于祈福的红绸带。

"红娘月下牵红线，张生巧会崔莺莺"的爱情故事就发生于此。此外，普救寺还曾因是武则天的香火院而盛极一时。

普救寺位于永济蒲州西厢村附近的峨嵋台地上，始建于唐代，明嘉靖年间毁于地震，后重建。按塬之地势高低，其寺院建筑可分上、中、下3层，形成明显的3条轴线。从前到后，西轴线上的建筑有大钟楼、塔院回廊、莺莺塔、大雄宝殿；中轴线上有天王殿、菩萨洞、弥陀殿、罗汉堂、十王堂、藏经阁；东轴线上有前门、僧舍、枯木堂、正法堂、斋堂、香积厨等。大雄宝殿内供着3尊石佛。这3尊石佛都是立像，其中释迦牟尼佛像高3.9米。从佛像的艺术风格看，应当是南北朝时期的作品。

普救寺西轴线上有一座古朴典雅的方形密檐式的砖塔，原名舍利塔，因张生与崔莺莺的故事发生在塔下，故又俗称"莺莺塔"。莺莺塔以明显的回音效应著称于世：游人在塔侧以石叩击，塔上会发出清脆悦耳的"咯哇、咯哇"的蛤蟆叫声，即著名的"普救蟾声"。这样的音响效果，被认为与莺莺塔居高临下收音效果好、塔身平滑声波反射效果好、塔檐构造聚声效果好等有关系。由于这个特点，此塔与北京天坛的回音壁、河南宝轮寺塔、四川潼南大佛寺内的"石琴"，并称为中国现存的四大回音建筑。

栖岩寺塔林

在永济韩阳镇境东北部的中条山间，存有隋唐时河东地带最著名寺庙——栖霞寺的原址。这座寺庙始建于北周建德年间，隋仁寿年间改名为"栖岩寺"。其所存历史的高光时刻，是隋文帝曾将国外所贡玛瑙盏施寺为供，还一度成为唐明皇的避暑胜地。全盛时的栖岩寺曾分上、中、下三寺，但现今中、下寺已经荒废，仅存有上寺的塔林建筑，即栖岩寺塔林。

这里所遗存的砖塔有26座，其中唐、五代、宋建塔各1座，元建塔2座，明、清两代所建塔21座。除宋塔外，其余的都是禅师塔，即僧人墓塔，与少林寺塔林性质同一。其中，唐天宝所建的禅师塔，圆形实心，与运城的泛舟禅师塔相类；五代后唐同光年间所建的塔为单层，平面呈八角形，塔身中空，体积不大；宋塔则为密檐式建筑，五层六角，高17米，庄重简洁；元塔有两层，平面呈六角形；明清两代所建塔均比例和谐，雕造富丽。除宋塔高居于西峰外，其余各塔分布于东草坪，形成各代集聚的禅师塔群。

泛舟禅师塔

泛舟禅师系唐高宗李治的孙子，20岁舍弃皇家生活，修行于大唐密宗圣地报国寺，泛舟禅师塔便是泛舟禅师圆寂后人们为其修建的灵骨宝塔。塔始建于唐贞元九年（793），由泛舟禅师的朋友、安邑人曲环出资建造，长庆二年（822）镌造墓铭，由左至右排列竖写。

位于运城西部寺北曲村报国寺遗址所在地的泛舟禅师塔，塔的形制为单层圆形砖塔，由塔基、塔身、塔刹三部分组成，总高10米，底面直径5.75米。塔基上的须弥座，束腰与上下枋之间雕刻莲叶尖形，并装饰菱形花样；塔身中空，南面开上一小门，门槛、门颊和门额均用石料制成，门柱上雕有花纹；塔身内为六角形小室，顶部为叠涩式藻井，正中有小孔直通上室，上室仍用反叠涩砖收缩至塔顶；塔身周围以方形砖柱分作八面八间，四隅按木构形制刻破子直棂窗，上串上施椿替，下串下施心柱，并装下栏，与西安大雁塔的分间方柱相似，窗的上、下腰串及椿替、心柱、立颊等，则与敦煌檐制类似；塔刹下部为两层山花蕉叶，其

泛舟禅师塔为单层圆形砖塔。

上承托覆钵、垂莲、仰莲、宝盖，最上端则冠以宝珠。此单层圆体砖塔是中国唐塔造型中仅存的孤例。

太平兴国寺塔

创建于唐贞观年间的太平兴国寺塔，原名南海塔，后因重建于宋太平兴国年间，以年号得名。它本是太平兴国寺的一部分，但如今寺宇已毁，唯塔独存，位于运城盐湖区境安邑的东北隅。

此塔平面呈八角形，塔身中空，以青砖砌筑，形制属楼阁式八角形砖塔。塔原有13层，通高86米，现存11层71米。一至三层塔峰施腰檐，其上均为平座，而且这些腰檐平座均施单抄华拱。华拱之上均无横拱，呈现宋代砖塔的特点；第四层仅有塔檐而无平座；第五层以上各层均为叠涩出檐，檐角均悬铁铃。

历史上，太平兴国寺塔历经3次大地震，致使塔身开裂，但塔不倒。这是由于塔的基础工程土台基以掺有砾石的红黏土夯填密实，塔体的重

量可以比较均匀地分布在较大的面积上，有效避免了塔体的下沉，又加上正规的八角形塔身，中心对称，砌筑牢固，使整个砖塔成为一体，故而塔身虽裂而能不倒。

妙道寺双塔

妙道寺双塔又称"雁塔"。原为妙道寺（也称双塔寺、雁塔寺）内的建筑，寺已毁，唯存东、西两塔。双塔之门，对向而立，俗称西塔为白蛇塔，东塔为许仙塔（塔之七层画有许仙像）。据西塔地宫出土《大宋河中府猗氏县妙道寺双塔创建安葬舍利塔地宫记》碑记载，西塔创建于北宋熙宁二年（1069）。东塔与西塔形制相近，因此创建年代应相距不远。

两塔位于临猗猗氏的兴教坊村内。它们的平面皆呈方形，形制上属楼阁式砖塔，但有区别：东塔实心，高23米，有7层，其中一、二层檐下有四铺作斗拱（这里的"铺作"，指斗拱所在的结构层，斗拱出一跳谓之"四铺作"），二层以上倚柱4根，上施斗拱；西塔中空，原有9层，现存6层，余高22米。一层塔檐下砌砖雕斗拱，其余各层皆叠涩

（一种古代砖石结构建筑的砌法，用砖、石或木材，通过一层层堆叠向外挑出或收进，向外挑出时要承担上层的重量）出檐或收刹，内有阶梯攀登。比较有艺术价值的是，它的一层拱状券门的门柱石及门楣石均刻有佛像，造型雍容丰满，线条圆润流畅，为宋代的雕刻风格。同时，两塔的布局也极为讲究，建造者根据当地日月出没的时间及方位布局双塔，使每年农历三月和七月的十六日早晨、一月和九月的十四日或十五日傍晚，在日出月落或月出日落时，日、月分别从东、西两个方向照射双塔，形成"双塔交影"之景。

景云宫玉皇殿

道教在隋唐代时即传入绛县，与此相呼应的是创建于唐贞观八年（634）的景云宫这处道教场所。它地处绛县横水的东灌底村境，本是规模巨大的建筑——据传有"一门六殿"之称，中轴线上依次有山门、戏台、献殿、三清殿、玉皇殿等，气势宏大，巍峨壮观。但清末时期，这里曾发生过一次较大的地震，只有玉皇殿留存下来。

玉皇殿外观古朴，坐北面南，为元代早期建筑遗存。它属于木构建筑，面宽五间，进深六椽，单檐悬山顶，建筑面积约263平方米。整座建筑共用柱20根：前、后檐柱各6根，两山山柱各2根，殿内中槽金柱4根，皆为木质圆形。其中前后檐柱身收分与柱头卷刹明显，制作规整；金柱大多由自然木材去皮后直接使用，弯曲挠度较大，属元代建筑风格。它有梁架共6缝，分两种：明、次间梁架为前四椽栿对后乳栿，通檐用三柱；两山梁架为平梁对前后乳栿，用四柱。建筑所用材质4种：大型梁栿多为槐木和核桃木，斗拱为槐木（兼有其他杂木），明间2根金柱为杨木，檐柱为楸木，其他构件为松木。

万荣东岳庙

在中国的文化系统中，东岳即泰山，它是君主告成于天的封禅圣地；东岳大帝，乃历代帝王受命于天、治理天下的保护神，在道教诸神中具有不凡的政治意义，是汉族的宗教信仰之一。东岳庙，即祭祀泰山东岳大帝的地方，属于道教庙宇，也称泰山神庙。庙中所供奉的东岳大帝，被汉族民间认为是主管世间一切生物（植物、动物和人）生杀大权的神。关于其身世，有多种说法，包括盘古王的第五代孙金虹氏说，《封神演义》中的黄

万固寺多宝佛塔 万固寺位于永济西南的中条山上，主要建筑有大雄宝殿、药师殿、塔院、水陆殿、无量殿。其中塔院内有多宝佛塔（如图）。该塔始建于522年，共十三层，高约55米；塔下为八角形台基；塔顶为八角攒尖式，上有八卦悬空铁刹；塔身呈八面八角形，各层面积由下往上递减，除第一层有砖砌斗拱外，其余各层塔檐由砖砌叠涩和上面的覆瓦构成；塔内1—9层为空心，可由木梯和台阶登塔，10—13层则为实心。

飞虎说，还有太昊说、上清真人说、山图公子说、天帝之孙说等。

东岳庙在中国的许多地方皆有分布，山西是接受泰山信仰较早的地方，故而东岳庙较多，万荣的东岳庙即是其中闻名者。这座庙宇位于万荣的解店镇境，其始建年代不详，唐贞观年间已有部分建筑，元至元二十八年至大德元年（1291—1297）重建，明清两代屡有重修。现存有山门、飞云楼、午门、献殿、享亭（俗称"看台"）、舞台、东岳大帝

殿、阎王殿等建筑，亦有一些佛教的建筑存在，如十八罗汉廊坊。其中飞云楼是东岳庙建筑群中的重中之重，与应县木塔一道被誉为"南楼北塔"。其楼高23.19米，明露3层，暗隐2层，实为5层。全楼斗拱密集排列，共345组，形状多变，各檐翼角翘起，似展翅欲飞。

大洋泰山庙

大洋泰山庙属道教建筑，位于夏县瑶峰的大洋村。它是典型的元代寺庙古建筑，但具体始建年代不详。它曾与后土庙、泰山庙、关帝庙连在一起，现仅存泰山庙大殿一座，占地面积1500平方米，建筑面积90平方米。大殿坐北朝南，面阔五间，进深二间，属单檐悬山顶建筑，前檐设廊，檐下仅檐柱2根，因此外观为面阔三间；檐下斗拱为五铺作单抄单下昂，梁架结

构为四椽栿对前乳栿用三柱。殿内四椽栿底部有《元大德八年重修》等题记。

过去，这里是村民祭祀神灵之所。但所祭之神却是泰山石敢当（旧时汉族宅院外或街衢巷口建筑的小石碑），人们通过祭拜这个力大无穷、助人为乐、惩治地痞流氓恶霸者，寄托祈求平安吉祥的美好愿望。当地还曾流行一个习俗，每逢闰年的农历二月初二，村里的青壮年都会抬着庙里的神像在村子里绕走一圈；每年正月十五到二十期间，人们会把神像放到观亭里，以便其"观看"旁边戏台里的大戏。

稷益庙

位于新绛阳王村的稷益庙，俗称阳王庙，是供奉禹帝大臣后稷和伯益的庙堂。伯益又称伯医，佐禹治水有功；后稷植百谷，传为谷神，始教民稼穑于稷王山。后人感念他们的付出，故建庙供奉之。这座庙宇的创建时代不详，元、明重修并扩建。作为明代建筑，其现存山门、献亭、舞台、正殿等。庙内的大舞台，正是千年以前，当地人纪念后稷时用来表演各种节目的地方，而当地每年的"二月二古庙会"，

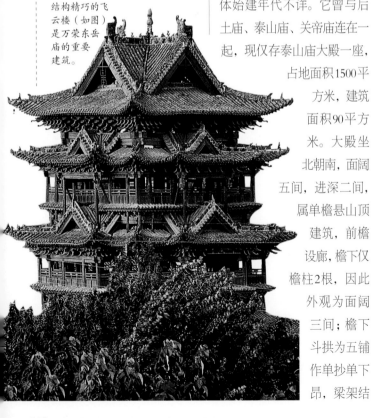

结构精巧的飞云楼（如图）是万荣东岳庙的重要建筑。

稷益庙中的壁画《朝圣图》（上图）及其局部（中图和下图）。

也源于在该庙内对后稷的祭祀活动。

稷益庙中最引人注目的，当数稷益庙正殿内总计130平方米的壁画。这些壁画题材以中国上古时代的神话传说为主，与一般的佛、道壁画不同，它描述文武百官、农民朝圣，稷益传说，烧荒狩猎，伐木耕获，山川园林等故事。其中的精彩者如东壁绘的"朝圣图"，三圣帝君（即太皞伏羲氏、炎帝神农氏、轩辕黄帝氏）坐于殿中，两旁及左右厢房中侍女成群，手执壶浆果盘。台阶左右有文武百官、农民侍立，人物或手持五谷、肩扛农具，或挑猎物、捆蝗魔、抓蚂蚁，或捧果盘、提壶浆，千姿百态。西壁则绘大禹、后稷、伯益，展示的是烧荒、狩猎、伐木、祭祀以及农业生产活动等。这些壁画画法精湛，布局严谨，笔力劲健，色彩纯朴浑厚，为明代寺观壁画中的佳品，完成于明正德二年（1507）。壁画的绘制者，为当时的常、陈两姓画工。

万荣稷王庙

从建筑特色的角度看，万荣稷王庙是中国仅存的北宋庑殿顶建筑。这座庙宇原在县城以南的稷王山上,明隆庆元年(1567)迁至今地——稷王山麓太赵村北隅。相传,稷王山是后稷教民稼穑之地。历史上,每年四方人士必聚于此,举行隆重祭典,今已中断。

稷王庙是华夏朝拜农圣稷王最大、最完整的宫殿式庙宇,创建年代不详,至少在宋代已有,建筑保留了宋、金时期的形制。大殿没有长梁承托殿顶重量,因而俗称“无梁殿”,正式名称为单檐庑殿顶,属于中国古代汉族重要建筑的形制。大殿面阔五间,进深六椽,单檐五脊顶,施琉璃脊饰,四角翘起,顶脊小而灵巧,殿顶坡度非常大,整个屋顶犹如撑开的巨伞;殿周施檐柱16根,内施中柱一列,直通平梁以下;平梁分前、后两段,穿插联结。元至元八年(1271),庙内修建有一座舞台,供酬神演戏之用,是元初戏剧登台表演普遍性的物证。

埝堆玉皇庙

埝堆玉皇庙位于垣曲皋落的张家庄村埝堆居民组,属道教建筑。与中国大地所有的玉皇庙一样,它供奉的是道教地位最高的世俗自然神(社会神)——玉皇上帝(俗称玉皇大帝)。

由于邻近道教名山王屋山,垣曲地域早有道教流传,历史上的道教建筑也数不胜数,加上这里风水绝佳,群山环抱,二水相交,灵气充盈,备受历代修炼之士的喜爱,故在这里潜心修炼者人数众多。玉皇庙或许就是为这些修行者而创建的。其创建年代不详,现存主体建筑为元代所建,坐北向南,总占地面积481平方米。原有山门、正殿、戏台和东、西配殿,中轴线上建筑现仅存戏台与正殿,为元代遗构。戏台面阔三间,进深四椽,单檐灰瓦悬山顶,斗拱四铺作单下昂。前檐施圆木大额,梁架结构为四椽栿通达前后檐用二柱;正殿面宽三间,进深二间,单檐悬山顶,斗拱五铺作双下昂。前檐施通长圆木大额,梁架结构为四椽栿通达前后檐用三柱。

芮城永乐宫

原址在芮城黄河北岸的永乐镇境,后因修建三门峡水库而被移至古魏镇境的龙泉村。它的规模较大,存留至今的元代“一门三殿”——无极门(也称龙虎殿)、三清殿、纯阳殿、重阳殿,以南北为中轴线,依次排列。从性质上看,它本

是一处道观,是为奉祀中国古代道教八仙中的吕洞宾而建,原名大纯阳万寿宫,因原建地在芮城永乐,故被称“永乐宫”。永乐宫始建于元代,营建时间断续110多年,几乎贯穿元朝,有典型的元代建筑风格:粗大的斗拱层层叠叠地交错着,四周的雕饰不多,比起明、清两代的建筑,显得较简洁、明朗。

永乐宫各殿所供奉的道教神仙各不同:三清殿又称无极殿,是主殿,供奉三清,即太清道德天尊、玉清元始天尊、上清灵宝天尊;纯阳殿又称混成殿,亦称吕祖殿,供奉的是吕洞宾;重阳殿又名袭阳殿,也称七真殿,供奉全真派创始人王重阳及其弟子七真人。此外,各殿中还存有以道教神仙为主的壁画,总面积达960平方米。其中,龙虎殿的内壁绘有横眉怒目的神荼、郁垒、神将、神吏、城隍、土地诸神,手持剑戟等兵器;三清殿壁画所绘的则是各路神仙朝拜道教始祖元始天尊的场面,被称为《朝元图》,近300尊像安排合理;纯阳殿展示的是吕洞宾从降生到成仙的故事;重阳殿则主要描绘王重阳的神话传说。这些叙事明晰、构图严谨、造

池神庙里出现"风洞神祠""灵庆公神祠""太阳神祠"三殿并肩而立的景观(如图),这是因为太阳和风对盐的生产都极为重要。

型生动、线条流畅的壁画,不乏元代风格的经典呈现,如纯阳殿中的《钟离权度吕洞宾图》即是代表。其绘制者的主体,以民间画师为主,包括了来自河南洛阳的马君祥等人。

池神庙

位于运城南郊的池神庙,是中国唯一一座池神庙。其地处解池边上,背靠中条山,大多是明嘉靖十四年(1535)的遗构,有着极为严整的中轴线式规划,中央有三座大殿、联三戏台、海光楼、望湖亭等主要建筑,更配有数十间东西厢房。

池神庙属皇家敕造,始建于唐大历十二年(777)。史载当时由于某些自然原因,解池中出现了前所未有的"红盐自生"奇观。盐官将此事报奏朝廷称此乃大吉大瑞之兆。唐代宗李豫经核实后龙颜大悦,特下诏书,赐解池为"宝应灵庆池",钦定在解池边建庙,赐封池神为"灵庆公"。它虽然以奉祀池神宝应灵庆公而得名,但还供奉着其他神:东殿供奉中条山风洞之神,西殿供奉忠义武安王之神尊,池神则在中殿,分东池神和西池神。

池神庙在社稷安全和老百姓心中都占有重要地位。运城盐业的生产主要依靠风吹日晒,但有时会遇到洪水的入侵,导致盐水不结盐花,加上盐是老百姓日常生活必不可少的重要资源,因此,人们希冀通过祭拜池神得到庇佑,摆脱生产过程的种种不利。唐代宗后的历代君主,可能出于希望神灵能够庇佑多产盐,从而增加盐税收入,因此对池神庙多有修缮和扩建。

芮城城隍庙

俗称南庙的芮城城隍庙,位于芮城永乐南街西侧,为道教场所,供奉的是守护城池之神,民间称之为城隍爷。城隍,由水庸神衍生而来(另有学者认为城隍起源于祝融),为《周官》八神之一。"城"原指挖土筑的高墙,"隍"原指没有水的护城壕。古人造城是为了保护城内百姓的安全,

永乐宫主要由三清殿（图①）、纯阳殿、龙虎殿等组成。建筑具有元代建筑风格，如斗拱（图②）粗大，雕饰不多；藻井（图③）结构复杂，以二龙戏珠为中心图案。由于永乐宫是道观，因此其建筑多体现道教思想，龙虎殿匾额（图④）上的"无极之殿"四字便是其中一例。永乐宫为世人所知的还有壁画。它以《朝元图》（图⑤）、《钟离权

度吕洞宾图》（图⑥）等为代表，前者描绘的是众仙朝拜天尊的故事，笔法劲健流畅、色彩绚烂夺目，图中的天尊有蒙古人的面部特征，反映了元代受蒙古人统治、不同民族共存的社会现实；后者古朴沉稳，人物神态细腻。其他如体现乐器演奏（图⑦）、游乐（图⑧）、学堂（图⑨）、四合院（图⑩）等的壁画则是当时生活、风俗的"化石"。

芮城城隍庙的享亭柱子粗矮、斗拱硕大，建筑风格粗犷浑厚。

所以修了高大的城墙、城壕等。人们认为与生活、生产安全密切相关的事物都有神在，于是城和隍被神化为城市的保护神。道教把城隍纳入自己的神系，称其为剪除凶恶、保国护邦、管领阴间亡魂的神。

宋代以后，奉祀城隍的习俗非常普遍，芮城城隍庙就始建于宋大中祥符年间。明代时，这里增设"阎王""判官""小鬼""十八层地狱"等恐怖塑像，当地人俗称其为"阴衙门"，但已被毁。现今所存的城隍庙坐北朝南，集中了宋、元、清三代建筑风貌的珍贵遗存，主要建筑有宋代正殿，元代享亭，清代的献殿、寝殿及配房。正殿是单檐歇山顶建筑，保留了宋代原建手法；享亭是单檐悬山顶建筑，体现出了元代的建筑手法；献殿为卷棚顶建筑，寝宫的屋顶样式为悬山顶。

曹公四圣宫

四圣宫，是中国唯一一座同时祭奠尧、舜、禹、汤4位圣人的庙，因4位圣人而得名。翼城人之所以将他们放在一起拜祭，有其历史之由：相传，尧、舜二帝曾在翼城一带活动，且是爱百姓之明君，故翼城人对他们有特殊的感情；而禹因治水公而忘私，三过家门而不入，深受晋南人爱戴；汤即商朝的建立者，多次征伐，据说曾在伐桀时路过翼城。当地人敬仰他们的功绩，并建庙祭祀，以示纪念。

四圣宫建于临汾翼城西阎的曹公村，坐落于四面青山的怀抱中。它始建于元至正年间，明嘉靖三十八年（1559）续修，清代多次重修，并与东侧的关帝庙连为一体。四圣宫坐北向南，中轴线上有舞台、献殿、正殿。正殿两旁3间耳殿，殿前东、西配殿各3

间，东、西廊房各6间。正殿前方原本是供祭祀的献殿，但已被毁；舞台为宫中之冠，坐南朝北，平面近方形，"井"字形梁架结构，单檐歇山式，斗拱五铺作，每面各施6朵。整个建筑用材硕大规整，为元代建筑中的佳作。

绛县长春观

坐北朝南的长春观，位于绛县陈村镇境东北的东荆下村。据清光绪《绛县志》记载，长春观创建于元延祐七年（1320），历代均有修缮。它的建立，是为纪念道教全真派北七真之一、龙宗门的创始人长春子丘处机（1148－1227，字通密），因而得名。中国本土教——道教，在元代时期得到很大的重视，特别是在丘处机西游中亚偶遇成吉思汗之后，全国各地纷纷建起长春观，绛县的长春观也适时而建成。

绛县长春观建成时，规模较大，自南向北分布有戏台、献殿、玉皇殿、混元宝殿，并有配殿、廊房，但现仅存献殿、混元宝殿、配殿与东廊房。其中，面阔三间、进深四椽的混元宝殿具有较典型的元代建筑特色，房顶单檐悬山顶，前椽施4根粗木柱，上承精圆形通面额枋。通额上则施7朵五铺作双下昂斗拱。斗、拱、昂皆硕大、粗犷，为元代建筑风格；其他的东配殿为明代建筑，献殿和东廊房为清代建筑。

真武庙

真武庙在垣曲解峪的黄河极险处，所供奉的是汉族古代传说中的北方之神真武大帝（又称玄天上帝、玄武大帝、佑圣真君玄天上帝、无量祖师，全称真武荡魔大帝），也称祖师庙；又因其南临火焰山脚黄河北岸的鹰咀窝，故又名"鹰咀庙"。事实上，此庙的本名为回龙观，属于道教场所。

创建于明代的真武庙，坐北向南，依山就势而建，北部高且宽，南部低而稍窄。北端高处建三层楼1座，通高12米，除楼门外四面皆窗，以琉璃砌筑，点缀花饰，檐角如翼，构造精巧。各层间皆置有神像。下层院周筑围墙，院内以祖师殿为主体，面阔三间，进深两间，单檐歇山顶。内置道袍金身祖师坐像1尊，左、右侍童各2尊。四周悬空泥塑人、马、禽、兽，或为"八仙过海"，或称"洞宾成仙"，皆与神话故事有关。此外还有关帝

庙、娘娘庙、献厅、厢房、龙王庙、戏楼、河神庙等建筑。

至今，这里仍是民众表达信仰的地方，每逢农历三月初三，这里都会举办盛大的庙会，为期3天。由于地处山西、河南交界处，来往便利，是时，晋、豫、陕三省民众皆前来赶会进香，络绎不绝。庙东的黄河滩，则有买卖杂耍、舞狮跑马助兴。

万泉文庙

坐落于万荣万泉乡境的万泉文庙，原是古代的万泉县城最大的建筑，坐南朝北，以大成殿为主体，历史上还分布有献殿、牌楼、东西厢房、望月台、魁星楼、藏经阁、教育斋等建筑，今仅存大成殿和影壁。大殿建于明正统四年（1439），面阔五间，进深三间，单檐歇山顶，建筑面积282.48平方米。前檐斗拱五踩双昂，后檐及两侧均为五踩单昂。梁架结构简洁，为六椽栿通达前、后檐。屋顶覆盖着黄绿琉璃瓦。殿内神龛原塑孔子金身立像，今无存。

大成殿是供奉孔子之地。孔子之所以有这样的地位，是由于他所创立的儒家思想对维护社会统治和安定起到重要作

用。因此，历代封建王朝对孔子尊崇备至，从而把修庙祀孔作为国家大事来办。唐武德二年（619），在国子学立孔庙，贞观四年（630），全国各州县治所所在地普遍建有孔庙（元代以后通称"文庙"）。万泉文庙之所以存在，乃因万泉乡境所在地在唐时曾为万泉县（620年建立）的治所。万泉文庙建成后，一直是当地重要的教育场所。

关公家庙

关羽，后人常称关公，是三国蜀汉大将，为河东郡解县常平里人（今解州常平村人）。在运城，与关公有关的遗迹有三处：解州关帝庙、常平家庙、关帝祖茔，现被简称为"三关"。其中，常平家庙即关公家庙，地处解州常平村，这是海内外唯一的关公家庙，被认为是"家庙之祖"；又因其原是关羽和父母的故宅地，在成千上万的关帝庙中，乃是第一座，有"武庙之根"的美誉。

相传关公家庙始建于隋初。后随着历代封建帝王对关羽的逐级追封，世人对他更加崇拜和敬仰，庙堂也随之不断增建和扩建，金代始成庙

关公家庙的献殿、崇宁殿（小图）、春秋楼等依次沿中轴线排列，与两侧的钟楼、鼓楼等共同构成了一个规模庞大的建筑群。

宇。到了明、清两代才逐渐趋于现今之规模。现存基本是明、清两代的建筑群，总面积15000平方米。在建筑格局上，沿袭中国古代"前朝后宫"之建制，主要建筑顺中轴线由南向北推移，其他建筑两边相互映衬，建筑格局如下：庙前有牌坊3座，东、西两座均为木构，中间者是石雕。庙内中轴线上的建筑依次为山门、午门、献殿、崇宁殿（关帝殿）、娘娘殿（关夫人殿）、圣祖殿等；中轴线东、西两侧，基本对称地配有东木牌坊、西

木牌坊、钟楼、鼓楼、祖宅塔、官厅、廊房、左碑亭、右碑亭、关平、关兴夫妇殿及道士院等建筑。重要的建筑如崇宁殿，屋顶样式为重檐歇山顶，四周围廊，殿内有端坐于龙椅上的关羽塑像。崇宁殿后是娘娘殿，采用悬梁吊柱式建筑手法，是关公家人生活栖息之地，左、右配殿分峙，东为关羽长子关平及其夫人之殿堂，西为二子关兴及其夫人之殿堂，正面为娘娘殿，供奉关夫人胡氏。圣祖殿坐北向南，面阔三间，进深三椽，屋顶为悬

山式，殿前有宽大的月台，殿中主祀关龙逢，是后人为关羽挑选的远祖。

薛瑄家庙

薛瑄（1389—1464）是明代著名的理学家、教育家，生平致力于开课授业。永乐年间进士及第，宣德年间擢授御史，一生以教为乐，有多部著作问世，包括《薛文清公文集》《理学粹言》《读书录》等，是河东学派的创始人，世称薛

河东。鉴于薛瑄生前功绩，皇帝明宪宗于成化元年（1465）下诏追赠其为礼部尚书，并追谥"文清"，故后人又称他为"文清公"。

薛瑄家庙建于万荣里望的平原村。明隆庆六年（1572），朝廷下诏以薛瑄配享孔夫子庙，其后裔据此于明万历二十八年（1600）修建薛夫子家庙。今家庙建筑尚存牌楼、前殿、正殿、东西配房等。庙中存有全套木刻版《薛文清公文集》，堪称稀世之宝。

二贤祠

因奉祀伯夷、叔齐两名贤人而得名的二贤祠，也称伯夷、叔齐庙，地处永济韩阳的首阳山麓。祠中所奉的伯夷、叔齐，分别是殷末孤竹国国君的长子与次子。武王灭商，天下归周，他们两人认为"以臣弑君"是不仁之举，因而耻食周粟，饿死在首阳山上。封建时代，文人称夷、齐为"二贤"，东汉末年蔡邕撰写的《夷齐碑记》、汉司马迁撰的《伯夷列传》、唐韩愈写的《伯夷颂》等作品，都将这两位古代贤人大加颂扬。人们遂在此修庙奉祀，刻石垂范，且历代有修缮。

二贤祠建于晋太康年间。但在此前，据《汉书·地理志》，就已有"首山祠"的文字记载，首山祠就是二贤祠。这说明其存在年代应更早，太康时所建或为重建。到了明成化元年（1465），佥事胡谥请于朝廷，要求岁岁祀奉。1488年，御史张泰、河东守道王存礼主持将该庙重新修葺，并重建两座石坊，其时有大门、二门、碑亭、廊房、经院、书院等建筑。庙内东侧有伯夷墓、叔齐墓，两冢并列，冢前矗立巨碑1通，上镌"古贤人之墓"5个大字。碑亭内矗有唐代颜鲁公、韩吏部、梁卿等碑刻4通；宋代黄载、黄庭坚、司马温公等石刻5块；另有金元至明清碑数通。碑多颂扬夷、齐耻食周粟，采薇首阳，以至杀身成仁的高尚气节。现祠已败落。

广仁王庙

山西自古少雨，因此，传说能够施雨的龙王自然是农业时代人们最尊崇的神灵。唐代或许是中国祭祀龙王最盛的时代，人们为各路龙王修建高宇以供奉香火，以期风调雨顺。广仁王庙就是这众多龙王庙中的一座，因殿内供奉的是司雨龙王之首——青龙神广仁王而得名；又因五龙泉水从庙基前涌出的缘故，当地群众也俗称其为"五龙庙"。过去，每逢龙王寿辰或需要祈雨的时节，百姓就会来此焚香、烧纸、献祭，向龙王叩首祈雨；正月十五时，则会到庙前举行龙灯大会，以娱神娱人。

广仁王庙被修建在芮城龙泉村土岗上，属于道教建筑，

堆云洞 为道教建筑，位于夏县上牛村境内的土岗上，因雨后岗上云雾缭绕而得名。其地势较高，两侧有深达百米的沟壑，四周有溪流环绕。堆云洞始建于元代，明、清两代均有所扩建。现存建筑规模宏大、设计巧妙（如图），分为12院落，共120间庙宇，主要建筑有北极台、笔峰塔、三皇阁、三圣殿、真武殿、三王祠和白衣大士祠等。

创建年代不祥。这是一座四合院形制的庙堂建筑，由正殿、戏台、厢房组成，四周有围墙，东南角辟有小门。正殿，又称龙王殿，建于831年，是中国现存4座唐代木构建筑之一。其坐北向南，面宽五间，进深三间，屋顶形制为厦两头造、筒瓦、板瓦屋面，正、垂脊和脊兽皆为灰陶烧制；梁架为四架椽屋通檐用二柱；柱头斗拱为五铺双抄偷心造，各种斗欹部的幽度极深，拱瓣棱角明显，内部搁架铺作斗拱硕大，又手长壮，侏儒柱细短，构成极平缓的厦坡，可与五台山南禅寺的建造相比拟。殿内无柱，梁架全部露明，有明显的唐代建筑风格。

在广仁王庙正殿墙上，嵌有唐碑两通。一个是《广仁王龙泉记》，为唐元和三年（808）所立，河东裴少微书，详细地记载了县令于公凿引龙泉之水灌溉农田的事迹。文中引征西门豹引漳水治邺史事，以显于公治芮之功。另一碑为《龙泉记》，为唐大和六年（832）所立，记载了扩建修葺广仁王庙的始末。

蒲剧

蒲剧即"蒲州梆子"，当地人称之为大戏或乱弹戏，因兴起于山西南部的"戏曲之乡"蒲州（今永济一带）而得名，并与中路梆子（晋剧）、北路梆子、上党梆子一起，合称"山西四大梆子"。它大约在明嘉靖年间形成，是山西四大梆子中诞生最早的一种，与秦腔有着姊妹关系。中路梆子、北路梆子等都是从蒲剧派生出来的。流行的地域包括晋南以及河南、甘肃、青海、宁夏、内蒙古、河北等地的部分地区。在蒲州、临汾地区，蒲剧成为人们生活中无所不在的精神食粮：赛神祭祀、喜寿庆典、集市贸易，甚至连殡葬、服丧、祭祖以之娱人、娱神。它的传统剧目有本戏、折戏500多个，风格多样，传统剧目有《薛刚反唐》《三家店》《窦娥冤》《意中缘》《燕燕》《西厢记》《赵氏孤儿》《周仁献嫂》《贩马》《杀驿》《出棠邑》《破洪州》《少华山》《麟骨床》等；新编历史剧有《白沟河》《港口驿》等，现代戏有《小二黑结婚》等。

蒲剧以晋南官话（晋南官话属于北方汉中语系）演绎，其唱腔属板腔体，腔高板急，慷慨激越，素以"慷慨激昂、粗犷豪放"著称。唱腔部分以板式变化为主，另有花腔和杂腔部分。这样的唱腔使蒲剧长于表现慷慨激情、悲壮凄楚的英雄史剧，又善于刻画抒情剧的人物性格和情绪。

蒲剧的伴奏乐根据文场和武场的不同类型而有所差异。文场所使用的主要乐器是呼胡、笛子二股弦、二胡、三弦、大唢呐与小唢呐；武场属打击乐，主要乐器有板鼓（包括手板、堂鼓、擂鼓）、铙钹（手钗）、马锣、梆子、手锣五大件。表演期间所使用的锣鼓经（将各种打击乐器以不同的方式加以组合，并通过各种不同的节奏形态演奏出来，就形成一套套的锣鼓点；将各种锣鼓点按其实际音响与节奏口头背诵，则称为锣鼓经，简称锣经）从名称上有六七十套，但变化后实有100余种。从速度上可分慢、中、快、散4种类型，用以配合动作，说唱填补，掌握节奏，渲染气氛。

蒲剧的角色有生、旦、净、丑四行。表演时，各行演员所用的人物脸谱，无论构图、色彩、线条都不同，但都简洁朴素，活泼明朗，较恰当地表现了剧中人的形貌特征和性格特点，有的还表现了其出身及重要经历。在用色上，多用红、黑、白、绿、紫、灰、金等，一般规律为红忠，黑直，白奸，绿多用于绿林好汉、草莽英雄，亦用于神、鬼、妖怪，金多用于神仙、妖。在白脸中又有水粉与油粉之分。

晋南眉户

眉户属传统民间歌舞小戏。它原称"迷胡"，因曲调婉转缠绵，使人听之入迷而得名，又名曲子、清曲。关于它的发源地，现有二说：一说源于陕西华县、华阴一带，流传到晋南后，同当地民间小调结合而形成；一说源于蒲（州）解（州）民歌俗曲。但不管源于何地，可确定的是，它是在晋陕黄河两岸民歌俗曲的基础上形成，经晋陕艺人的相互努力而逐渐臻于完善的，经历了民歌、说唱、家戏、职业班社4个阶段，是从地摊说唱而升到舞台表演的一门艺术。在运城盆地，晋南眉户流行于临猗、盐湖、永济、万荣等地。主要剧目有《烙碗记》《如意店》《打经堂》《三进士》《卖水》《四差捎书》《张连卖布》等。

眉户戏生、旦、净、丑行当齐全，但通常以生、旦、丑登场为主，花脸戏相对较少，多演"三小戏"，即小旦、小生和小丑；剧目内容多表现民间家庭生活故事，随着职业班社的发展，剧目也扩大到演出大本戏和连台本戏。表演程式吸收了蒲剧的水袖、帽翅、靴子、翎子、椅子、帕子等。表演中所使用的音乐属曲牌体，由敲打和弦乐组成文场和武场。文场以板胡、三弦、二胡、笛子为主奏乐器，另有琵琶、扬琴、柳琴、唢呐、横笛、中胡、大提琴、黑管等；武场使用的乐器有10多种，包括鼓板、字板、梆子、碰铃、钗、锣、堂鼓、三角铁等。

唱腔音乐结构为曲牌联缀体，曲调丰富，有大、小调200多个，代表性的大调有《金钱》，小调有《岗调》。不同的情绪采用不同的调式，如表现沉痛、悲哀的感情时用《西京》《哭纱窗》等；表现活泼、

蒲剧和眉户均为本区民间戏剧。前者（上图）慷慨激昂，后者（下图）因内容的需要而采用不同的曲调。

欢快气氛时用《割韭菜》《剪花调》等；表现快乐、升平景象时用《十里墩》《戏秋千》等；表现急躁、紧张情绪时多用《紧述》等；表现说理、规劝时多用《琵琶调》《勾调》等；描写景色时多用《四平》《一串铃》……但在多数曲调中以燕乐徵调式为主，唱腔的词体结构基本格式分对称句和长短句两种类型，一般多为七言、十言和五言等句式。唱腔没有严格的行当之分，但在行腔和唱法上，讲究男女老幼和生旦净丑的区别。

河东线腔戏

线腔戏主要流传于晋、陕、豫接壤的三角地带，晋南芮城是其发源地之一。最早出现于汉，繁盛于宋，距今已有千余年的历史。在发展过程中，蒲州一带的线腔艺人吸收、融入了蒲剧中的一些成分，形成极富地方特色的艺术流派，称东路线腔戏或河东线腔戏，其风格高亢清新、婉转缠绵，不同于陕西合阳的西路线腔戏的悲壮苍凉。

早期，线腔戏又称线谱戏，俗称线胡戏，这是因为其采用戏偶来表演的缘故。当时的班社由三五人组成，演出形式

为边击乐边歌唱，边操作线偶。其中鼓师一人说唱主要角色，称为"说戏的"；其他提线演员唱配角，称为"搭戏的"。20世纪60年代，人们对此进行改革，以真人替偶，去"偶"加"腔"，遂成为现在所称的线腔戏。同时，它大量吸收蒲剧的表演程式，分角色扮演，并有选择地改造了原线偶表演时期的身段，以突出线腔戏在表演过程中上下左右摇摆的特点。

线腔戏所使用的音乐属板式变化体。基本板式有慢板、二人板、顿字句、流水和散板，依行当不同、感情互异而有不同的旋律和唱法。所用的唱腔为七声燕乐音阶徵调式，在净、丑行的唱腔中，有羽调式色彩。伴奏乐器设文、武场面。文场所用乐器以两个大壳板胡为主，音调高低相同，后取消一个大壳板胡，另加高音板胡和唢呐、笛子、二胡、小提琴、革胡和弹拨等。武场用两种鼓板，即干鼓与暴鼓，干鼓主要用于唱腔过门伴奏，暴鼓音调低旷，近于"暴"声的谐音，主要用于动作间奏、开场和尾声。另外还有简板、大锣、小锣、马锣、梆子、大铙钹、小铙钹、战鼓、堂鼓等。其锣鼓自成体系。此戏主要代表性

剧目有《青衣计》《钟鼓计》《怒沉百宝箱》等。

弦儿戏

弦儿戏是流传于夏县的戏曲小剧种，因早期的弦儿戏伴奏是用3把同样的丝弦板胡，故又被称为"六弦戏"。其传播的中心是庙前的王屿口村，辐射至郭张店、坡底窑等周边村庄。庙前位于沟通晋、陕、豫三省的地带，是华北通往中原地区的枢纽，历来商贾云集，繁盛热闹。这一带民歌基础雄厚，并且自古就有迎神赛社的习俗，主要剧种有蒲剧、眉户等，还有锣鼓、杂戏、高跷、龙灯、耍狮子等民间艺术，弦儿戏就是吸收了各艺术的特点形成的。比如它的曲牌名称，有许多与眉户的相同，只是唱法和韵味独具；比如它的打击乐有蒲剧的特点，又有自己的特色。弦儿戏现存的剧目有《白玉兔》《珍珠衫》《回龙阁》《小姑贤》《花柳林》等。

弦儿戏在清咸丰年间业已成熟。它的音乐有独特的风格，属于套曲体，有曲调17个，常用的有"闹调""凄凉""五更""岗调"等。就曲调情绪而言，弦儿戏可分为悲怆沉重、悠扬缠绵、平稳欢快等基

调，行当分生、旦、净、末、丑。它的伴奏乐有弦乐和打击乐。弦乐主要用3把相同的板胡；打击乐吸收了蒲剧的打击乐特点，主要乐器有大心板鼓、大心马锣、枣木梆子、小战鼓等。但它不完全用蒲剧锣鼓点，而是有所取舍，从而丰富了弦儿戏打击乐高亢激越的色彩，为塑造多种不同类型的人物创造了条件。

芮城扬高戏

扬高戏是扎根于芮城大安、曹庄一带，曾流行于平阳、洪洞、赵城、芮城、夏县及豫西一带的戏曲剧种。它的曲调与眉户、花鼓调的最大区别是起伏大，调尾旋律上扬，多用"大跳"，因此被称为"扬高戏"；又因伴奏中用2把同调板胡，亦称"弦子戏"。扬高戏剧目取材广泛，既有生活小戏，又有与蒲剧一样的大戏，行当齐全，生、旦、净、末、丑兼备。表演艺术上，也与蒲剧相似，唱、做、念、打皆重。此戏的剧目包括《反西唐》《回龙阁》《司马庄》《白玉兔》《金瓶梅》《花柳林》《明珠宝》《清河桥》《取长沙》等。

本区民间小戏产地分布示意图。历史上运城地区的宋金杂剧、元杂剧、明清传奇十分活跃，使其形成包括芮城扬高戏在内的多种民间小戏。

与其他戏剧相比，属于联曲体的扬高戏在表演、音乐、舞美等方面具有一股别样气息。它不注重表演技巧，没有大段唱白，但重视剧情的表述，且角男扮。角色中生、旦、末、丑，同腔同调，净的唱法和音色与其他戏曲相比稍有变化。它的音乐伴奏分文、武场，属于文场的弦乐，演奏的两把板胡多碎弓、多抖动，配合一把高音竹笛，合称"繁弦急管"，传递出欢快明朗或凄楚激越的情绪；另备唢呐两支，用以制造特殊气氛。武场乐器则有鼓板、字板、大钗、马锣、手锣和战鼓，不同乐器各司其职，营造出热闹场面。其伴奏与表演动作的配合，以及开场、尾声所用的锣鼓经，与蒲剧有相同之处。

扬高戏起源于清代，至道光年间，发展成为能够与秦腔、蒲剧相抗衡的剧种。光绪年间，豫西、晋南最火的剧种当数扬高戏，大凡大庙会、大戏楼都要请扬高戏班出演。受战争等因素的影响，如今，扬高戏已经成为濒危的地方性剧种。

吉家营地台戏

吉家营是临猗角杯的一个村庄，始建于明洪武年间，相传一位姓吉的长官退伍后在此定居，逐步发展形成了吉家营村。地台戏则是吉家营村一种传统的地方戏剧。因为它的演出场地在地面而不在舞台，故称"地台戏"，又称故事戏、弄故事等。它被认为是吉家营村为祭祀祖先和各路神灵所献演的一种仪式性戏剧，依附于元宵社火、祖先崇拜等民俗活动展开，以福佑子孙、驱凶纳吉为目的，具有浓郁的地方性宗教祭祀色彩。关于它的起源有多种说法，概括起来有军队礼乐说、民间歌舞说、社火小戏说、锣鼓杂戏说等。此戏大致产生于明代中后期，发展到清代中叶时，演出剧目及表演形态基本定型，并流传至今。

每年正月十三至十六，村里人都会自动组织地台戏进行演出。一般由村里人共同推举有较高威望、熟知故事的人，作为"故事头"，由他指挥，分配各种人物角色，安排乐队演奏者。故事戏的演出通常是中午、晚上各一场。地台戏的剧目全部为武戏，演员的武路动作有刀花、棍花、鞭花、戟花、枪花等。常演剧目有《九龙柱》《敬德访白袍》《沟家滩》《压关楼》《破宁国》《破方腊》等30余个。演出之前，由几位旗手开道绕村，后面跟着乐队、演员，敲锣打鼓，叫作"走场"。走场时乐队敲打《路京》，意为召集群众前来观看，也有迎接诸位演员之意。随后，由"故事头"指挥，旗手列队在空地上画地为台，插龙虎旗围成一个演出区即可进行表演。开场锣鼓，表演《三闪》《五拍》《八拍》等，意为静场，暗示地台戏马上开始。

地台戏的唱腔与锣鼓杂戏有一些相似之处，属于民歌小调体，有正调和单子调之分：正调一般在首一栏，多为两句唱词；单子调一般在后一栏，演员可以自由发挥，或缩短或延长，比较随意。如果两人同时出场，在表明各自身份时，正调由两人平分唱，然后合唱，伴奏乐器只有鼓和镲，不分场次；演唱形式多样，人物

锣鼓杂戏《千里驹》场景。锣鼓杂戏是以驱邪纳福为目的的戏剧，因而带有较多的说唱艺术的痕迹，观赏性相对弱一些。

装扮不分行当，念白、舞台提示单一、粗陋，没有大戏所备的曲牌、板式等。

锣鼓杂戏

在山西南部，主要以临猗、万荣为中心，包括盐湖、河津、稷山、新绛、垣曲、夏县等地的乡村，曾流传着一种古老的戏剧形式，它依附于当地村社中举办的宗教祭祀活动，融傩祭、赛祭于一体，表演时只以锣鼓击节，不配丝弦。当地民众称其"杂耍""土戏""咚咚嚓"；学术界则根据其伴奏乐器，称之为锣鼓杂戏，也称饶鼓杂戏，与合阳的跳戏一脉相承。相传过去每年农历九月初九重阳节庙会时，临猗村镇的锣鼓杂戏班都会集中于县城登台演出；每年的正月十六，临猗的新庄、上里、高家垛3个村的锣鼓杂戏班还相互轮流到龙岩寺演出，以敬神祀佛，因此，当地人亦称锣鼓杂戏为"龙岩杂戏"。关于锣鼓杂戏的历史渊源，有"村落百戏"说、"杂剧祭佛"说及"蚩尤戏"说；形成的时间也有唐代说、宋代说及金代说。

历史上，锣鼓杂戏的演出以寺院为中心展开，并形成一套固定的仪式：演出前，数名年轻人要在寺前做跑马表演，戏班全体角色列队走街串巷，人称"摆道"；然后，分别到各自的宗族宗庙祭祖，再登台演出。演出时，由一名身穿长袍、头戴礼帽的"打报者"指引各种角色上台至左角入座。角色登场用念的方式自报家

门，举手动步及唱、吟、念、白都配锣鼓。"打报者"还负责拉前场、传令、禀报，给观众解说剧情以及充当树木、石头等道具，类似宋代杂剧中的"竹竿子"。它的唱腔为吟诵形式，有少量曲牌，如《越调》《官调》《油葫芦》等；有伴奏无弦乐，乐队由鼓、锣、唢呐组成，以大鼓主奏，同时承担乐队指挥之责，基本鼓点有播鼓、战鼓、走鼓、刹鼓、列儿鼓、跌场鼓、行营鼓等8种。锣鼓杂戏表演程式化，动作台步亦有固定程式。演员扮演的角色固定，家族世袭。角色均为男性（故此戏又有"光棍戏"之称），每剧数十人。它演出的传统剧目有近百个，题材以神话和历史故事为多，又以"三国戏"尤多，流传至今的有《伐西歧》《乐毅伐齐》《三请诸葛》等。

平陆高调

平陆高调是平陆县境内一种古老的说唱艺术，属于坐唱表演，又因为它演奏时用的主乐器是四胡（四弦），所以又名"四弦书"，俗称山窝子戏；由于音调高亢，唱腔粗犷而有"高调"之名。相传，平陆高调形成于清同治年间，起初流行于平陆沙口、张峪一带，后渐扩散至夏县、芮城、临晋及河南的陕县、灵宝和陕西的潼关、滑南等地。早期的平陆高调，由盲人及算命先生走村串乡，操四胡、击木鱼演唱，主要是在庙会、祭祀、民间婚丧嫁娶等民俗活动中表演。后来受蒲剧和眉户的影响，平陆高调逐渐发展成为多角色、分行当的表演。表演时，多由一人主唱，其他人伴唱。它的剧目丰富，有80多种。曲目内容大多是民间故事与历史传说，有名的剧目包括《怕婆娘》《挣嫁妆》《檀香女苦瓜》《绕二姐吊孝》《九子图》《祝英台下山》《刘秀讨饭》《打幔帆》等。

平陆高调最显著的特点是表演时采用平陆方言。伴奏音乐有文场和武场两种：文场乐器由四胡、板胡、小底胡、三弦、二胡、笛子组成，四胡是主奏乐器；武场乐器由木鱼、手锣、大小铰、鼓板、马锣、梆子等组成。平陆高调演奏时多采用"下二度"行腔，风格委婉柔和而又略显凄凉。高调板式有8种，节奏变化丰富，每种板式都有自己固定的衔接方式；有自己独特的曲牌。它的唱词有十字句式、七字句式、乱字句式等。

永济道情

永济道情是流行在古蒲坂（今永济）的小剧种之一。道情源于道教，原是道士云游四方，传播道义时又唱又吟的一种劝化形式，后来在发展过程中逐渐吸收了雅乐、散乐和民间音乐，发展成为"哼哼调"流行各地。它由来已久，汉代已有萌芽，发展至唐代时

元宵节社火活动上的道情表演。永济道情唱词通俗易懂，因而成为社火表演的重要组成部分。

雏形已显，宋元时期，则发展成为能够表述故事情由的说唱艺术。至清代中期，永济道情迎来发展高峰，不少乡村出现了道情戏班，在说唱技巧和思想内容上都有了充实和发展。道情传承至今仍充满生命力，每逢乡间庙会、红白喜事，都有相关的演出。演出的道情戏班不仅能说唱历史剧目，还能自编自演时人时事的新剧目。

永济道情曲目、剧本内容丰富，唱词通俗易懂，声腔属板腔体和曲牌体并用，另外还吸收了民间小调。在调式上，永济道情有宫调、徵调之分，宫调多表现明快、喜悦的情怀，徵调多表现温顺、忧伤的思绪。曲牌主要有《四季花》《分手》《滴泪巾》《龙虎斗》《拜新年》《满庭芳》《乐逍遥》《鸡斗嘴》《愁肠曲》《吊死鬼》《渔翁》《大救驾》《风摆柳》等。主要曲目有《尧访舜》《熬娘家》《小姑贤》《隔门贤》《小夫妻打架》等，主要剧目则包括《小姑贤》《没品官》《双锁柜》《女婿上门》等。

永济道情在长期的流传过程中，因区域、语言和道具上的差别，逐渐形成了东、西两路流派。东路道情以卿头曾家营村为代表，包括卿头、王杆、高淮等村，人们称之为"曾家营道情"。由于历史和地理原因，这一地区的道情受蒲剧的影响较大，生、旦、净、丑行当齐全，伴奏用铜器和鼓板，文武场皆备，节奏紧凑，给人以高昂、激越之感，用词也较典雅。西路道情则以韩阳为代表，包括辛店、王店、双店、盘底等村，故又名"韩阳道情"。艺人多在黄河两岸演出，吸收了当地的语言艺术，并受秦曲、眉户的影响，伴奏以三叉板击拍为主，中音乐器较多。尽管有上述这些差异存在，但毕竟同根生，两路道情的根本还是一致的：伴奏都有渔鼓、简板，演出剧本都属代言体，表演形式均属地摊演唱。

柏林坡道教音乐

道教音乐是中国汉族传统音乐的一部分，属于非常古老的宗教音乐。它在道教仪式中不可或缺，具有烘托、渲染宗教气氛，增强信仰者对神仙世界的向往和对神仙的崇敬的作用。在绛县，道教音乐主要流传于柏林坡东岳庙遗址附近和南樊中堡、柴堡两村。从事道教音乐者，为道人，他们是原柏林坡东岳庙与南樊崇祯观的道人及其后裔或传人。由于两处道观皆已被毁，道人们在道观附近村落定居下来，道教音乐得以保存。

历史上，位于中条山麓的柏林坡是山西道教兴盛之地。北魏时，这里几乎村村有庙，人人信教；元代时，在吕洞宾所创立的钟吕金丹道基础上建立的全真教成为晋南流行的道教流派，柏林坡的道人即属此派，这为道教音乐的发展奠定了基础。这里的道教音乐经过世代的流传，至今仍有诵经音乐、曲牌等100余首，另外还有一些民间音乐及民歌，重点曲目有《赞天尊》《步虚》《九应大圣经》《施食科》《十供养》《三宝》《三皈依》等。道教音乐出现的场合，历史上以宫观室内祭神、诵经、献乐、早晚工课为主，以民间迎神赛社、驱邪禳灾、祈福救苦为辅。现多出现在葬礼上，道士参与诵经祭祀、予祭、超度亡灵等。除此之外，春节社火活动、庙会活动有时也会有道教音乐的参与。

道教音乐活动一般有7人参与，其中文道士6人，武道士1人。演奏时，文道士奏乐开祭、念经，所用乐器有扁鼓、大镲、小镲、铙镲、唢呐、笙等；武道士除靠庙、行路耍外，还要另扎场表演，项目有耍刀子、水流星、火流星等，文道士在旁鼓乐伴奏。

垣曲镲

与河津干板腔相类的垣曲镲，是河东民间文艺具有代表性的一支。这是一种以打击乐器镲（也称小钹）为主要伴奏乐器的民间说唱表演样式。它没有固定的表演地点，而且也没有现成的剧本，多为即兴表演，语言流畅押韵，诙谐幽默，能让人在短时间内达到娱乐的效果。其表达的内容多为民间笑话、生活趣事、传说故事等。

垣曲镲极具口语化，其句子通常是七字一句，并依垣曲当地方言，每一句均需要合辙押韵，以便说唱起来，朗朗上口，富于韵律和节奏。伴奏的乐器，除镲外，还有小锣、扁鼓等，声音清亮悦耳，节奏分明，能很好地衬托表演者的说唱，俗称"打镲"。垣曲镲还含有快板、三句半等民间传统艺术的元素。

万荣笑话

万荣笑话是万荣民间的口头创作，即当地民众在日常生活中所做的一些事被生活阅历丰富的人们敏锐感知，并用自然明快的口头艺术讲出的笑话，属于民间文学的类型。它发源于万荣的谢村，最早称"谢村挣"，其中"挣"又被写作"憎""诤""争"等，有执拗、倔强、耿直、保守、强悍、不听劝、不服人、睿智、矜持、幽默、蛮干、咬死理、讲偏理等含义；又因谢村与荣河村相邻且隶属于荣河县，故也称"荣河挣"；万泉与荣河两县合并成万荣县后，则改称"万荣挣"，也称"万荣七十二挣"。20世纪80年代后，因其声名远扬，人们才改称"万荣笑话"。

万荣笑话有其明显特征，形式短小精悍，三言两语即抖出笑料，且多以自嘲的方式出现，内容折射生活百态，所用语言为当地方言。在当地，万荣笑话无处不在，田间地头、村巷街口皆可进行展演；在公众聚集的场合，比如春节、元宵节、端午节、中秋节等岁时节日，婚礼、满月礼、寿辰等人生仪礼节日和社火、庙会、集市等民间集会场所，它更是人们娱乐和交流常见的方式。

研究者认为，作为万荣特有的地域性文化，万荣笑话有其独特的形成原因。史载，这里曾是历史上的汾阴县所在地，汾阴之民"性善诙谐"，"滑稽多智"。这里地处峨嵋台地，是本区农业的发祥地之一，后土信仰深厚，形成以后土信仰为重心的庙会文化体系，为万荣笑话提供了孕育的土壤。以歌舞戏谑形式来娱神、娱人的"优"（旧时称演戏的人）便源于这一古老的仪式中，其中的主角优人以调笑逗乐为职，是最早讲笑话的人；随后的宋元时期，百戏、杂剧活动遍及乡村里社……种种因素在万荣相对封闭的空间里发酵，最终酿成万荣独特的"笑话"。

运城社火

社火是中国汉族民间庆祝春节的传统狂欢活动，由古时人们祭祀土地神之仪式演化而来，"社"即指土地神。汉族数千年传承多以农耕为生，先民敬畏土地生黍食人而广行祭祀。祭祀分春社及秋社，常围绕庙堂施以仪式，此时必举行游艺活动，锣鼓火把助威，狮子龙灯游行，人群相随。唐代以后，社火就在这个基础上演化为节庆娱民活动，盛行于宋并流传至今，在中原地区最为盛行。

走兽高跷表演时由两人脚踩高跷，腰间装饰造型多样的巨兽。

作为有"华夏之根"之誉的运城盆地，是受社火影响的传统区域。这里的民间社火可能起源甚早，据考证，闻喜、曲沃在汉代即有杂耍类的社火流行。唐宋至金元时期，本区各县民间社火即已盛行。在社火活动中，其经典节目可分成几类：鼓乐类的代表有稷山花鼓；阁跷类有稷山走兽高跷和万荣西村抬阁；祭祀类的代表有临猗的扎马角、永济的背冰；舞蹈类的则较普遍，包括舞龙灯、跑旱船等，典型代表如绛县龙舞、运城贵家营龙灯舞等。

传统上，社火多在传统节日（元宵节、端阳节、重阳节）、迎神赛社、春祈秋报会和喜庆之时（祝寿、婚礼）举行。如今，这种传统的民间娱乐形式亦用于庆祝国庆节、建军节、劳动节等新设节日，或为各种重大工程开工典礼、竣工剪彩、商贸活动助兴。

稷山走兽高跷

走兽高跷是一种由两人表演的连体高跷表演形式，为稷山清河阳城村庙会独有，因其表演主体为兽形而得名。它起源于清雍正年间的大型祭祀活动，演绎的是神话传说或故事，意为驱邪避妖，战胜灾难。这种表演形式盛行于清雍正初年，至今已有300多年历史，现在每逢闰年正月廿九为祭祀火神而进行表演。

走兽高跷表演所呈现的"兽"造型多样，或源于现实动物，或源于神话传说和故事，有独角兽、猰狼、麒麟、鳌、竹马、黑狸虎、梅花鹿、貘等，也不乏图腾。表演时，由两人足踩高跷，穿披古戏装，手拿刀具，同演骑兽状，饰演者均负重荷。由于走兽是一座大兽体，经绑缚和披挂后足有丈余高，因此两个表演者脚下高跷必须是同步行走并协调一致，由此，就需要有辅助

的配乐：以锣鼓、花鼓等打击乐器之调调整两个人的步伐。辅助配乐的花鼓、锣鼓各有曲牌，表演时必须按曲牌节拍行走。配乐的场面较大：花鼓类有小鼓、中锣、中钹、小钹、小锣，由15人左右组成；锣鼓类有大鼓、小引鼓、大钹、大锣、勾锣等，由13人组成。所表演的节目有挂画、张公背婆、八抬、自行车及各类走兽等。

表演所用的兽头，需要先做出模型，再用软布麻纸、草纸经多层裱糊、阴干，取模并修饰，上色油漆而成；兽身主要由主架、竹板、麻带、麻丝、麻绳、铁丝、软布、草纸等缝制和绑缚，并粘贴、装饰而成，具有一定的重量，因此表演者都是身体素质好的男子。

绛县龙舞

龙舞也称舞龙，民间又叫耍龙、耍龙灯或舞龙灯，是流传于中国汉族居住区的传统民

间舞蹈。因舞蹈者手持龙行道具而得名。作为与"董父豢龙"故事发生地距离不远的绛县，被认为是中国龙舞文化的发祥地之一，历史源远流长。据《绛县志》记载，当地汉代时就已存在龙舞传人。这样的舞龙习俗一直相沿至今，人们以此祈求五谷丰登、来年好运。

绛县龙舞又称"地龙"。表演时有"戏珠""盘柱""单穿""双穿"等传统形式，最经典的当数"戏珠"：舞龙时，一人持龙头，其他人持龙身，还有一人持龙珠或绣球引龙捕珠。参与表演的龙，有1到3条不等。龙头以竹片扎成模型，然后糊以彩纸，敷以彩绘，重10多千克。龙身分成10余节，外用布彩绘成龙鳞，龙鳞以金箔或银箔贴制。

贵家营龙灯舞

山西的龙灯舞有多家，如太谷龙灯舞、阳泉龙泉村的龙灯舞、平定移穰村一带的龙灯舞等。与这些龙灯舞相比，盐湖贵家营村的龙灯舞颇为特别：贵家营龙灯的龙口里含着一枚绣球，双目大如足球，而且绣球和双目均能转动；龙头高1米有余，重约30千克；龙身由软、硬节配合组成，舞龙者手持的硬节系木材制作，相连的软节则由竹圈扎成，内系绳索牵引；龙节呈圆形，灵动自如。内置牛油蜡烛，夜晚燃起来通体火红，形象生动。

相传已流传了600余年的贵家龙灯舞又称"龙灯魔女舞"，是从舞者的角度命名的：舞者由舞龙者9人、"龙女"2人、"魔女"16人组成。表演的节目分成三部分：以"魔女""龙女"集体舞开场；随后是龙灯独舞，由舞龙的男子托举一条九节长龙小跑，摆出一字长蛇形、"之"字形等，独舞中的最后一个环节"三出庙门"最为精彩，龙摇头摆尾，口喷烟火，连续冲过3层庙门；第三部分则是"龙女"身披彩带，"魔女"头顶鱼、龟、虾、蚌等，手提彩灯起舞，并随伴奏乐声变换队形，龙舞至此达到高潮。值得一提的是，"魔女"的舞蹈以圆场步为主，所挥水袖变化多样，包括扬袖、搭袖、背袖、托袖等；"龙女"则左、右手各握彩绸一端，舞出"8"字形和波浪形。龙灯舞的伴奏乐器由两支唢呐、一面大鼓、一面大锣、一副钹组成，各司其职：舞龙灯时，以鼓、锣形成的打击乐伴奏；"魔女"舞时以唢呐伴奏；共同起舞时则先以唢呐伴奏，再加锣鼓点。

作为一种民间舞蹈形式，贵家营龙灯舞演出的时间一般都在农历正月十五闹"红火"、闹元宵之时。它的渊源不明确，有两种说法：一是战争年代，人们为平息战火，安居乐业而拜龙请龙时即是其缘起；二是二月二龙抬头时，阳气上升，万物复苏，舞龙是为拜龙求雨。

软槌锣鼓

流传于万荣高家庄一带的软槌锣鼓，是中国锣鼓表演的一种稀有形式。之所以叫"软槌锣鼓"，是因为敲鼓所用的鼓槌不是用硬质杂木旋制而成的，而是用麻绳拧成两头带疙瘩的鼓槌，其质地柔软又有韧性，表演中的乐器主角以鼓和铜锣为主。

软槌锣鼓的表演者，无论鼓手、钹手还是铜锣手，皆身着古代将士服装。表演所配置的大鼓，直径大于其他鼓种，而麻绳制作鼓槌，头天晚上用冷水浸湿，并用文火烘干，以使擂鼓声响亮。其有两种表演形式，一为"行路鼓"，二为"阵地战"。前者边走边打，主要用于街头行进表演；后者以

在软槌锣鼓表演中，表演者身着将士服装，摆出一定的阵形，击打鼓和铜锣等乐器。

8面大鼓、8面大钹、16面铜锣共32人摆成方块阵形。中间为鼓手、钹手，且鼓手为领头羊，两边敲铜锣的一字摆开，边击乐边演，辗转腾挪，变化多端。软槌锣鼓的表演有曲牌，多与战争有关，代表性的曲牌有《风雪战》《三关点帅》《双关战》《新旧鏖战》《阵鼓》《战鼓》等。

软槌锣鼓的历史渊源，至今仍是谜。现有两说，都与战争有关。一说是西汉末年，为刘秀作战助阵的高家庄锣鼓艺人，因击鼓激烈而致鼓槌断裂，情急之下以马缰代替击鼓，发现效果更好，遂逐渐演变成软槌表演。另一说与李世民相关，情节与刘秀的基本相同：李世民率部讨薛万彻，请高家庄的村民擂鼓助威，但一些人用力过猛，将鼓槌折断，遂捡起遗弃的马鞭再击鼓，助李军败薛部，由此衍生出软鼓槌。

万荣花鼓

在黄土高原峨嵋台地一带、黄河与汾河交汇处，流传着一种古老的民间鼓舞艺术——万荣花鼓。这种艺术同时传布于河津、浮山、稷山、翼城、闻喜等地，影响地区较广，因此在更大范围上被称为晋南花鼓。

一般来说，万荣花鼓队的组成如下：1个打花鼓者，是表演团队的核心；4个打手锣者，主要在场上走队形，配合打花鼓者做出舞蹈动作；1名敲大锣者，在打花鼓过程中起领奏骨干作用；1名击钹者，负责掌控节奏的快慢，与大锣紧密配合。有的鼓队还配备丑角，或只是伞头，或只是小丑，或两者兼备，主要是在花鼓表演完一段后的间隙，与执小锣的女子共同演唱几段歌曲，以腾出时间供花鼓表演者休息。

万荣花鼓的表演者将鼓或挎系腰间，或系于胸前，或系于头顶、肩上、腋下、膝前等处，最多者一人可系10多个鼓。按花鼓所处身体位置，可分低鼓（腰部鼓）、高鼓（胸前鼓）、多鼓（将鼓系于头部、胸部、右肩及两腿中间）。尽管各鼓打法不同，但基本打法一致，即以右手为主、左手为辅，右手击上鼓面打前半拍"咚"，左手击下鼓面打半拍颤音"都儿"，连续音响则为"咚都儿"。左手花样简单、右手花样繁多，大动作中又有许多小动作，比如小点头、勾捶、拐捶等，紧打紧收。鼓点主要有"一点油""紧三锤""四锤""流水"等几十种。除此之外，看重跑场子图形变化也是花鼓表演的特点，演出的图形有十字花、倒推磨、枣花、缠住脚、穿八字、蛇蜕皮、龙摆尾、连环套等。

万荣花鼓舞的表演场地分庙宇及非庙宇两种。表演的时间一般是从正月初一开始到元宵节结束。但由于各村有各自的祭祀节日，因此，花鼓的表演也不会缺席，以娱神、娱人。关于万荣花鼓的起源，一说源于北魏，有大同云冈石窟中的花鼓石雕佐证；另一说源于宋代民间。到了明代，因安徽凤阳人外出逃荒卖艺，渡黄河入山西，与万荣花鼓相互融合借鉴，遂逐渐发展出传统的万荣花鼓模式。

匼河古会

在芮城，每年农历二月初二最特别的民俗就是匼河古会。据说，它是为纪念东岳大帝（这里的人认为是黄飞虎）治水有功而当地三社联典庆贺，又称"三社典古会"；由于村民们要在古会上向东岳大帝献宝，亦称"亮宝会"，当地民间认为"亮宝"可使风调雨顺、五谷丰登，并能辟邪消灾。古会仅流传于风陵渡的匼河村，据文献记载，它始于东汉光武年间。

事实上，匼河古会是为祭祀泰山神而举办的。它是匼河村每年始于农历正月二十八的泰山神祭祀庆典的高潮。当天，由龙凤方旗阵、长杆三眼土枪队、土炮队和东岳大帝仪仗队组成的祭祀队伍向匼河村的东岳大帝庙行进。仪仗队的组成较特别：队列中的第一匹马曰"神马"，由一武士牵引，只插一令旗，据说专供泰山神骑乘；小伞和背花方队中的所有小伞和背花上都缀列金银首饰，如珍珠、玛瑙、宝玉、翡翠等等，寓意向东岳大帝"亮宝"，是三社村民的捐献，以示心诚，祈求上天消灾赐福。最引人注目的是参与表演的男性，他们或是扮演天神、地祇、武将、文臣及八仙、俗神；或

者赤身裸体，腰系土布裤衩，身背铡刀、冰块、石磨，肩扛房檩，手执铜锣，光脚列队前进，俗谓"背冰亮膘"；年青的女性则上演传统的民歌、小戏，且相互斗嘴、戏谑、耍闹。整个表演过程皆伴以原始古朴的锣鼓声，俗称"撒锣鼓"。队伍到达当地的泰山庙后，即上演古会的最高潮：抬护神驾上庙，然后演出结束。

有人认为，古会表演中的"背冰亮膘"始于战国时以冰块灭火、以铡刀当武器攻阵破城的历史故事。另有观点认为，这是农耕时代的遗存，干旱之年，人们为了感动神灵，不惜以自虐的行为呼唤上苍，祈求雨水降临，以润农田，因此，留下了"背冰亮膘"的习俗。还有观点认为，背冰是古老的原始部落时期的遗留，为的是展示体魄、争夺交媾权的竞技活动。据确切的记载，"背冰亮膘"到汉代才成为古会的组成部分。

扎马角

马角是晋南黄河沿岸一带传说中的凶神，代表农人的利益。扎马角，当地人亦称之为上马角或闹马角，属于当地特有的一种古老的祭祀仪

匼河古会中的"背冰亮膘"表演（如图）展示了当地粗犷、彪悍的民风。

式。扎马角与干旱有关，传说源自尧帝以铜钎穿腮得雨露的故事。临猗、万荣大部分区域分布于峨嵋台地上，干旱少雨，土厚井深，虽近黄、汾两河，但古代人们碍于地势难以取水，于是人们建庙宇供奉神祇以祈雨。过去，每遇旱年，当地人会上孤峰山祈雨祭祀和下黄河边祈雨祭祀。祈雨无效后，老百姓以钢钎穿脸的方式自造一位神上之神——马角，威慑众神下雨，这就是扎马角。现扎马角已成为当地社火的一部分，流传于万荣、临猗靠近汾河一带地域，以黄河沿岸的南赵、北赵、安昌、师家、屈村等9个村为盛。

扎马角出演的时间多在农历正月十五前后，结合其他社火活动共同举行。活动分为"上马""跑马""下马"，参与扎马角的都是成年男性。"上马"指化妆成勇士的汉子们当众将筷子粗细的钢钎从脸颊穿过，并用牙将钢钎咬住成为马角；"跑马"为马角边迈着马步奔跑边用麻鞭抽打众人；"下马"指伴着鞭炮和锣鼓声拔出钎子，活动至此结束。整个活动一般在上午开始，下午结束。期间，马角勇士不饮不食，故在"上马"前，会饱食一顿。"跑马"时，扎了马角者做出马昂首、尥蹶子等动作，在场子里转圈、狂奔、跳跃，一手执响刀在头顶抖动，另一手持丈余长的马鞭挥甩，显示镇服邪恶鬼怪之势。数圈之后，马角们冲出人群奔向村里，锣鼓大鸣，炮声响起，人们围观取闹并挑逗马角，让马角的马鞭抽打自己，据说此举可以驱鬼逐疫。

西村抬阁

所谓抬阁，顾名思义，就是抬着一个用竹木或铁质材料扎制成的类似阁的架子进行表演的艺术，在中国的许多地方流行，但名称不同，如南方称飘色，或彩擎、高抬、彩架、扎故事等。西村抬阁是指流行于万荣西村的抬阁艺术，亦称万荣抬阁。它集造型艺术与杂技为一体，其表演脱离地面、尽展凌空之美，是万荣当地社火的组成部分。

西村抬阁起源于明末清初，相传是富人摆阔斗富的产物。其雏形是用木头做成的5尺见方、3尺高的架子，四周覆以彩布，富人家的子女可在

左图：表演者牙咬钢钎充当马角，手持长马鞭挥甩，意在驱走邪恶晦气。右图：祭祀活动期间，经过装饰的抬阁由

架子上做各种人物造型，架子则由8人抬着游街表演。每年正月期间，西村周边各村的乡绅富豪到西村举行祭祀活动时，就会举办这样的活动，由此开启了西村抬阁的传统。如今的西村抬阁，以铁或钢条锻制成，并以钢筋铁丝固定在木质底座上。表演前，先用布条、绑带把化妆好的小演员（一般是小于8岁的男孩或女孩）固定在架子上，再按表演的主题用服装、道具把铁架子装饰好。表演时，抬阁由数人抬起游行，伴以威风锣鼓和吹打乐伴奏，表演者在抬阁上做出各种既定的动作，如刀尖站人、空中坐人、空中翻动等。

西村抬阁所演绎的内容，一般取材于民间传说、戏剧、小说以及现实生活，一出折子

数人抬起游行表演，场面热闹。

戏、一个故事或一段传说，都可成为一架抬阁的主题代表。代表作品有"三娘教子""牛郎织女""雷峰塔""武松打虎""拾玉镯""高空飞车""蹬马""关公出征"等。其演出时间，仅局限于社火表演或偶尔外出表演。

侯村花船

民谣"西王高抬侯村船，想盖点子比登天难"中所提到的"侯村船"，即流行于盐湖区境侯村的花船，它与西王村的高抬同是当地著名的社火表演节目。其一般在春节等重要的节庆中出演。

花船亦称旱船，民间传说是为了纪念治水有功的大禹。作为表演节目，它流行于中国很多地区。侯村花船表演中所用的道具"花船"，以竹竿扎制成船形，四周覆以丝绸，里外用彩纸糊起，形成各色图案。船舱左、右各开一窗，窗侧贴有"万事如意""一帆风顺""五谷丰登"等吉祥用语，并配以镜子、银项圈、纸花、彩灯等装饰。表演时，打扮俏丽的船娘子站立于船舱中，用红布条架在肩膀上撑起花船，两手握住船舱的两边，以便表演时做出摇动花船前进的动

作；身穿老生古装的艄公与船娘子巧妙配合，让"花船"做出快速向前漂移、左右摇摆、停靠岸等舞蹈动作。其表演套路较多，动作讲究一快、二稳、三漂、四转。船舞以三眼铳开道打场开场。在演出过程中，有锣、鼓、铙、钹等打击乐器配合舞者的节奏，并穿插曲调为四平调的曲子，气氛热烈。

侯村花船的历史渊源不明确。传说明末时，自荣河县（今万荣县）来此村避战祸的曲氏兄弟于正月二十扎制"花船"在村中药王庙前表演，以安抚受瘟疫困扰的人们，由此形成玩"花船"闹新春、庆丰收的习俗，并成为社火表演的组成部分。

闻喜裴氏

北宋文学家欧阳修对裴氏家族有个评价，叫"天下无二裴"，这个"裴"，指的就是闻喜的裴氏，出自礼元的裴柏村。历史上，一脉相承的裴氏家人在政治、经济、军事、外交、文化、艺术、历史、科学等领域均做出了突出贡献，正史立传者600余人，名垂后世者不下千人，先后出过59位宰相、59位大将军，故又有"天下裴氏出裴柏"等说法。其

家族在唐代臻于最盛：据《裴氏世谱》记载，在李氏统治唐朝的200多年间，裴氏家族先后出过宰相34人、中书侍郎4人、尚书38人、侍郎27人、常侍4人、御史9人、使21人、大将军31人，以及皇后、太子妃、王妃7人、驸马18人。故历史上有"无裴不成唐"之说，而裴柏村有"宰相村"之誉。著名的裴氏人物包括两晋时的裴秀，主编完成《禹贡地域图》18篇，被李约瑟誉为"中国科学制图学之父"；南北朝的"史学三裴"——裴松、裴骃、裴子野，分别撰写了《三国志注》《史记集解》《宋略》；隋代的裴政、裴矩，前者帮助隋朝修订《开皇律》，后者助开拓西域，著有《西域图记》；唐时则有平定突厥的裴行俭、中兴元和宰相裴度等。

裴氏家族自汉永建初年定居于裴柏村至今，已在此延续2000余年。其家族在历史上的辉煌，沉淀为中国文化的组成部分。在中国的历史剧中，表现裴家的戏剧有《游西湖》《李惠娘》《裴恒遇仙记》《白蛇传》等。其中《白蛇传》里的法海，是唐初政治家、书法家裴休的儿子。关于其家族经久兴隆的原因，明末清初思想家顾炎武总结了3条：联姻、世袭与自强不息。后者或许是关键：考其家风核心是"重教守训，崇文尚武，德业并举，廉洁自律"，并有12条家训分别对"德、能、勤、绩、廉"等做出要求，其家规还曾规定考不中秀才的子孙不准进入宗祠大门。至今裴柏村仍保留着重视教育的传统，几乎家家门楼上都有"耕读传家"的大字。

河东柳氏

隋代柳氏名人柳裘、柳俭、柳机、柳庄、柳彧、柳述，唐代柳氏宰相柳奭、柳浑、柳璨及著名的文学家柳宗元、谱学家柳冲、史学家柳芳、书法家柳公权等，都出自河东三大望族之一的柳氏（其他两家是薛家、裴家），史称河东柳氏，简称河东柳；又因其家族自战国到明代皆盛于河东，所以又称"河东世泽""河东世家"。

河东柳氏的来由，正源自那位"坐怀不乱"的柳下惠——春秋时的鲁国大夫。秦并天下，封柳下惠裔孙柳安为贤大夫，定居河东解县，即今永济开张的古城村遗址。自柳安开始，柳氏的后人开始显于河东。在永嘉之乱时，除留守河东之外，柳氏分两路南迁：一支迁于汝颖（今河南汝州和安徽阜阳），史称河东柳氏西眷；另一支迁于襄阳（今襄樊），称为河东柳氏东眷。唐朝建立后，因河东柳氏作为唐朝权势所在的关陇集团中的一个重要家族，所以其在朝廷上地位显赫，达到家族史上的极盛时期：在高宗时，柳氏家族同时居官尚书省的就达20多人；还出过3位宰相，与薛氏、裴氏并称"河东三著姓"。

河东柳氏为中国传统文化贡献良多：谱学家柳冲著有《大唐姓族系录》；史学家柳芳与韦述缀辑成《唐书》；柳宗元则以位列"唐宋八大家"而留名青史；书法家柳公权留下"柳体"；柳玭的《戒弟子书》为家训中的名篇……

郭璞

河东闻喜县人郭璞（276—324）可谓两晋时期的奇才：作为训诂学家，他注释了《周易》《山海经》《尔雅》《方言》及《楚辞》等古籍；作为文学家，他善于写词赋，"词赋为中兴之冠"，其中以《游仙诗》为主要代表，是中国游仙诗体的鼻祖；他又是道学术数大师，著有《葬书》，以不到2000字之说，阐述了风水理论，成为中国风水学之鼻祖。他因阻驻守荆州的东晋权臣王敦谋反而被杀，不知归葬何处。晋明帝在南京玄武湖畔修建了郭璞的衣冠冢，名"郭公墩"，今仍存。

这个学问渊博而有大才者，却口才木讷。他在各领域所取得的成就，与少年及青年时期生活于河东不无关系。在逃离（时间可能为305年）闻喜往洛阳前，他至少在老家生活了20多年。这位父亲曾为西晋建平太守的后生，生活于受道教影响较深的中条山麓，成为正统的正一道教徒，故喜道学。相传他曾从河东郭公学习卜筮，郭公授予他《青囊中书》，由此他洞悉阴阳、天文、五行、卜筮之事，为著《葬书》埋下伏笔；受当时河东儒学之风的影响，他在精研儒家典籍之余，不忘探幽访胜，足迹遍历河东一带的山川胜景、历史遗迹，并以《巫咸山赋》《盐池赋》《井赋》等作品，叙写了河东一带的自然风光、历史遗迹、民俗风情、人文掌故等。在他身居江南所注释的古籍中，就有关于河东社会风情以及经济作物的记载。比如晋南盛产大

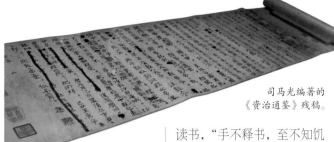

司马光编著的《资治通鉴》残稿。

枣的情形，他就写入《尔雅注》中，并为南宋郑樵所撰《通志》所取资。

司马光

童年时，他砸缸救人，故事流传至今世；老年时，他作为宋代哲宗皇帝的宰相不到一年，却干了人生中最后一件大事，砸人饭碗——废除好友王安石的变法新政。他死后被追封为温国公，谥文正。宋元祐三年（1088）正月，宋帝以国葬大礼安归夏县鸣条岗间的祖茔。同朝的苏轼为其撰写碑文，宋哲宗亲自题写碑额"忠清粹德之碑"，今仍存于其墓处。这人正是司马光（1019—1086）。他是宋代陕州夏县（今山西夏县）涑水人，世称涑水先生。史载，司马光出生时，他的父亲司马池正担任光州光山县令，于是便给他取名"光"。他自小聪慧，7岁时，"凛然如成人，闻讲《左氏春秋》，爱之，退为家人讲，即了其大指"，并爱

读书，"手不释书，至不知饥渴寒暑"。司马光秉持"日力不足，继之以夜"之信条，20岁时便中进士，进入仕途，从奉礼郎等做起，直至官拜神宗朝的拜翰林学士、哲宗朝的宰相。《宋史》这样评价他："于物澹然无所好，于学无所不通"，"恶衣菲食以终其身"。

《资治通鉴》是司马光留给中国历史的巨著——中国第一部编年体通史。北宋熙宁三年（1070），眼见王安石变法势在必行，他选择离开京城开封，避居洛阳，耗时19年，终在宋元丰七年（1084）编成这部规模达294卷的书籍，另附目录30卷，《考异》30卷。全书记述了从东周威烈王二十三年（前403）到五代后周显德六年（959）共1362年的历史。史载，他进入仕途不久，父母就先后去世，循例回家乡守丧的他，在几年时间里充分了解了下层社会生活的实际情况，还读了许多史书，这对他编纂《资治通鉴》不无裨益。

主要参考资料

运城市地方志编纂委员会：《运城市志》，生活·读书·新知三联书店，1994年。

芮城县志编纂委员会：《芮城县志》，三秦出版社，1994年。

永济县志编纂委员会：《永济县志》，山西人民出版社，1991年。

平陆县志编纂委员会：《平陆县志》，中国地图出版社，1992年。

临猗县志编纂委员会：《临猗县志》，三晋出版社，2009年。

夏县地方志编纂委员会：《夏县志》，人民出版社，1998年。

闻喜县志编纂委员会：《闻喜县志》，中国地图出版社，1993年。

山西省万荣县志编纂委员会：《万荣县志》，海潮出版社，1995年。

垣曲县地方志编纂委员：《垣曲县志（1991—2000）》，中华书局，2001年。

绛县志编纂委员会：《绛县志》，陕西人民出版社，1997年。

新绛县地方志编纂委员会：《新绛县志》，陕西人民出版社，1997年。

《稷山县志》编纂委员会：《稷山县志（1991—2008）》，山西人民出版社，2011年。

河津市志编纂委员会：《河津市志》（上下），山西人民出版社，2002年。

《临汾市志》编纂委员会：《临汾市志》（全四册），中华书局，2013年。

赵宝金：《翼城县志》（上下），山西省人民出版社，2007年。

中国大百科全书总编辑委员会《中国地理》编辑委员会、中国大百科全书出版社编辑部：《中国大百科全书·中国地理》，中国大百科全书出版社，1993年。

《中华人民共和国地名大辞典》编纂委员会、编辑部：《中华人民共和国地名大词典》（第四卷），商务印书馆，2002年。

《中国山河全书》编委会：《中国山河全书》，青岛出版社，2005年。

李孝聪：《中国区域历史地理》，北京大学出版社，2004年。

《中国自然地理系列专著》编辑委员会：《中国自然地理系列专著·中国地貌》，科学出版社，2013年。

应俊生、陈梦玲：《中国植物地理》，上海科学技术出版社，2011年。

刘明光：《中国自然地理图集》，中国地图出版社，2010年。

谭其骧：《中国历史地图集》，中国地图出版社，1996年。

《走遍中国》编辑部：《走遍中国——山西》，中国旅游出版社，2012年。

王怀忠、马书岐：《山西关隘大观》，山东画报出版社，2012年。

高建民：《魅力山西》，山西教育出版社，2007年。

山西省住房和城乡建设厅：《山西风景名胜》，中国建筑工业出版社，2011年。

瓦兰：《大运山西深度之旅》，蓝天出版社，2007年。

秦建华、杨方岗：《这里最早叫中国——话说运城》，山西人民出版社，2012年。

运城市河东博物馆：《河东碑刻精选》，文物出版社，2014年。

刘泽民：《三晋石刻大全·运城市盐湖区卷》，三晋出版社，2010年。

中国国家博物馆田野考古研究中心、山西省考古研究所、运城市文物保护研究所：《运城盆地东部聚落考古调查与研究》，文物出版社，2011年。

运城市环境保护局：《运城环境保护三十年》，中国环境科学出版社，2010年。

王莉红：《地级城市旅游竞争力研究——以运城市为例》，西南交通大学出版社，2011年。

武铁山：《山西省岩石地层》，中国地质大学出版社，1997年。

李锦生：《山西古村镇历史建筑测绘图集》（上下），中国建筑工业出版社，2011年。

山西大学中国社会史研究中心：《山西水利社会史》，北京大学出版社，2012年。

安介生：《历史地理与山西地方史新探》，山西人民出版社，2008年。

孙丽萍：《人物·晋商·口述史研究》，山西人民出版社，2011年。

中国历史博物馆考古部、山西省考古研究所、垣曲县博物馆：《垣曲古城东关》，科学出版社，2001年。

杜学文：《山西历史文化读本》，山西教育出版社，2013年。

申维辰：《华夏之根：山西历史文化的三大特色》，山西教育出版社、中华书局，2006年。

吴根喜：《山西国家级历史文化名村名镇》，三晋出版社，2013年。

王建全、任锁宝：《初步分析运城震群活动前后流动地磁测量结果》，《地震》，1988年05期。

张莹莹、佘慧、刘维仲：《对运城盐湖地区盐角草和盐地碱蓬耐盐性的分析》，《山西师范大学学报（自然科学版）》，2012年04期。

蒋复初、傅建利、王书兵等：《关于黄河贯通三门峡的时代》，《地质力学学报》，2005年04期。

王大芳、辛转霞、韩宏：《郊野公园绿地乡土景观营造手法应用——以山西省圣天湖湿地公园为例》，《西北林学院学报》，2010年06期。

史东凯：《浅谈闻喜县水资源开发与利用状况》，《地下水》，2009年03期。

史东凯：《山西省运城市涑水河流域降水特征分析》，《地下水》，2009年04期。

王苏民等：《三门古湖沉积记录的环境变迁与黄河贯通东流研究》，《中国科学（D辑：地球科学）》，2001年09期。

常金霞：《垣曲县亳清河流域综合治理实践与思考》，《山西水利》，2007年03期。

张海博、焦磊、张殷波等：《山西历山国家级自然保护区千金榆群落种间分离研究》，《植物科学学报》，2011年06期。

杨素平：《山西南部峨嵋台地湿陷性黄土地质灾害简述》，《山西水土保持科技》，2013年01期。

张丽花、延军平、刘栎杉：《山西气候变化特征与旱涝灾害趋势判断》，《干旱区资源与环境》，2013年05期。

樊龙锁、刘荣、张龙胜等：《山西省运城硝池盐池冬季游禽调查报告》，《山西林业科技》，1997年01期。

张殷波、闫瑞峰、苑虎等：《山西省自然保护区的建设及管理对策》，《山西大学学报（自然科学版）》，2010年04期。

张金屯、张峰、上官铁梁：《中条山植被垂直带谱再分析》，《山西大学学报（自然科学版）》，1997年01期。

贾振虎、吴应建、刘永红：《中条山国家森林公园发展生态旅游的前景与对策》，《山西林业科技》，2002年01期。

茹文明、张峰：《中条山东段植被垂直带的数量分类研究》，《应用与环境生物学报》，2000年03期。

王琳、张金屯、上官铁梁等：《历山山地草甸的物种多样性及其与土壤理化性质的关系》，《应用与环境生物学报》，2004年01期。

徐继山、庄会栋、唐东旗等：《运城盆地地裂缝特征及机理分析》，《地质灾害与环境保护》，2010年02期。

高文华、李忠勤、张明军等：《山西晋南地区近56a的气候变化特征、突变与周期分析》，《干旱区资源与环境》，2011年07期。

武栋、王亚妮、王琦等：《圣天湖渔业环境现状及对策》，《山西水利科技》，2010年03期。

曹小虎：《涑水盆地中深层承压水系统分析》，《山西水利科技》，2005年03期。

史宏蕾、杨小明、高策：《新绛稷益庙壁画中的农业科技文化》，《山西大学学报（哲学社会科学版）》，2011年06期。

黄学诗、王景文、童永生：《垣曲盆地始新世哺乳动物研究的新进展》，《古脊椎动物学报》，2001年02期。

傅建利、王书兵、蒋复初等：《垣曲盆地最高阶地风尘堆积形成时代及其构造意义》，《第四纪研究》，2008年05期。

刘巍、安卫平、赵新平：《运城盆地的现今构造活动及现代地壳应力场的基本特征》，《山西地震》，1996年02期。

滕红梅、张启耀：《运城市古树资源特征研究》，《山西林业科技》，2014年01期。

裴秀苗：《运城市农业气候特点分析》，《山西气象》，2002年03期。

滕红梅、苏仙绒、崔东亚：《运城盐湖4种藜科盐生植物叶的比较解剖研究》，《武汉植物学研究》，2009年03期。

薛克勤、邓军、商培林等：《中条山铜成矿带地球化学特征及成矿预测》，《物探与化探》，2005年06期。

侯蓓蓉：《紫家峪水库大坝渗漏原因及处理措施》，《山西水利科技》，2013年02期。

王勇红、王勇浩：《明清山西盐商与茶商之比较》，《四川理工学院学报（社会科学版）》，2008年01期。

杨彩丹：《明清时期运城的盐业与教育》，《运城学院学报》，2011年01期。

王勇红、刘建生：《乾隆年间河东盐商经营贸易额的估算》，《盐业史研究》，2005年02期。

宋宝群、肖先华：《晋商文化内涵探源》，《山西广播电视大学学报》，2000年01期。

黄天庆：《清代前期解池的"畦归商种"问题》，《盐业史研究》，2012年02期。

李心纯、林和生：《山西生态环境的变迁与晋商的兴起》，《晋阳学刊》，2006年04期。

王红恩、孟保奎、张志兰：《山西省蚕桑生产发展阶段回顾与思考》，《北方蚕业》，2008年04期。

杨强：《元末运城兴建之因探析》，《盐业史研究》，2006年03期。

王建华：《东下冯遗址与夏商文化分界》，《殷都学刊》，2006年04期。

张素琳：《试论垣曲古城东关庙底沟二期文化》，《文物季刊》，1995年04期。

赵李娜：《西汉河东郡地域风习探究》，《山西大学学报（哲学社会科学版）》，2009年04期。

令狐青：《山西临猗角杯乡吉家营地台戏考述》，《山西档案》，2013年06期。

杨云：《试论万荣花鼓的文化特征与审美旨趣》，《北京舞蹈学院学报》，2008年01期。

张冬煜：《晋南仰韶文化半坡期遗存的分期研究》，《中原文物》，2009年01期。

薛卫荣：《运城盐业生产的池神崇拜》，《运城学院学报》，2010年01期。

解放：《中华民族之根炎黄子孙之源——万荣后土祠的历史变迁》，《运城学院学报》，2003年01期。

本书所涉区域的各级政府官方网站

中国知网

中国在线植物志

中国动物主题数据库

图片工作者

图片统筹：FOTOE / 王敏　　插图绘制：谢昌华　郑占晓　唐凌翔

特约摄影：黄植明

图片提供：

CFP/FOTOE: 封底, P4, 15, 20, 71, 132 图

鲍东升 / 人民图片 /FOTOE: P83, 122, 136 图

陈卫 / 东方 IC/FOTOE: P63 图

陈一年 /CTPphoto/FOTOE: 封面图

单晓刚 /CTPphoto/FOTOE: P142 图

董力男 /FOTOE: 封底, P39, 146 图

董应赞 / 人民图片 /FOTOE: P163 图

杜东明 /READFOTO/FOTOE: P46 图

范晓建 / 人民图片 /FOTOE: P85 图

高新生 /CFP/FOTOE: P153 图

黄河湾 /CFP/FOTOE: P85 图

黄植明 /FOTOE: 封面, P6, 11, 12, 19, 21, 26, 28, 29, 31, 32, 33, 34, 35, 36, 37, 38, 40, 45, 47, 49, 56, 57, 65, 76, 77, 80, 81, 84, 87, 90, 103, 111, 112, 113, 115, 118, 129, 131, 138, 143, 148 图

姜云传 /PPBC: 封面图

瑾文 /CFP/FOTOE: P4 图

孔兰平 /FOTOE: P104 图

李璧蕙 /CTPphoto/FOTOE: P79 图

李泓晓 / 东方 IC/FOTOE: P162 图

李郁峰 /CFP/FOTOE: P92, 132 图

李泽贤 /FOTOE: P60 图

刘宝成 /CFP/FOTOE: P5, 51, 59, 68, 73, 89, 109, 126, 127, 130, 141, 157 图

刘朔 /FOTOE: 封面图

刘潇 /CFP/FOTOE: P126, 128 图

刘小军 /CNSPHOTO/FOTOE: P146, 147 图

罗哲文 /FOTOE: P147 图

聂鸣 /FOTOE: 封面, 书脊, P14, 24, 79, 96, 120, 121, 135, 139, 140, 151 图

黔昶 / 东方 IC/FOTOE: P42 图

人民图片 /FOTOE: 封底, P81, 83 图

沙忆 /FOTOE: 封面图

史云平 /CFP/FOTOE: P164 图

史云平 / 东方 IC/FOTOE: P160 图

苏丹 /CNSPHOTO/FOTOE: P167 图

唐志远 / 东方 IC/FOTOE: P66 图

王辉耀 /CNSPHOTO/FOTOE: P153 图

王晓波 /CFP/FOTOE: P120 图

王昕 /CFP/FOTOE: P89 图

王子瑞 /CFP/FOTOE: P50 图

王子瑞 /FOTOE: P147 图

喜子 /FOTOE: 封面图

谢光辉 /CTPphoto/FOTOE: P146 图

许铁铮 /FOTOE: 封面, P64, 66 图

许旭芒 /FOTOE: P62 图

薛俊 /CFP/FOTOE: P54, 73, 145 图

薛玉斌 / 人民图片 /FOTOE: P48, 74 图

闫鑫 / 人民图片 /FOTOE: P156, 165 图

阎建华 /FOTOE: 封底, 扉页, P114 图

杨兴斌 /FOTOE: 封面, P65, 101, 117, 147 图

叶喜阳 /PPBC: P60 图

尹楠 / 东方 IC/FOTOE: P150 图

袁西平 / 人民图片 /FOTOE: P86 图

张华先 / 东方 IC/FOTOE: P20 图

张宪春 /PPBC: P59 图

张毅军 /READFOTO/FOTOE: P78 图

赵健宏 / 东方 IC/FOTOE: P17 图

周洪义 /PPBC: P58 图

朱海虎 / 东方 IC/FOTOE: P150 图

朱平 / 人民图片 /FOTOE: P2 图

特别鸣谢（排名不分先后）

中国科学院兰州分院

中国科学院南海海洋研究所

中国科学院寒区旱区环境与工程研究所

中国科学院东北地理与农业生态研究所

重庆地理学学会

广西师范学院

广州地理研究所

贵州省地理学会

贵州师范大学

河南省科学院地理研究所

华南濒危动物研究所

华中师范大学城市与环境科学学院

江西师范大学

青海省地理学会

青海师范大学

山东省地理学会

山东师范大学人口·资源与环境学院

山西省地理学会

山西师范大学地理科学学院

西南大学地理科学学院

浙江省地理学会

中山大学图书馆